解码移动互联网竞争本质

打破"互联网思维"定式，掌握移动互联网时代核心资源！
飞越"流量"壁垒，让BAT成为你的免费员工！

U0377414

東華大学出版社
·上海·

图书在版编目 (CIP) 数据

解码移动互联网竞争本质——情绪思维 / 施强著 .
—上海：东华大学出版社，2016.6
ISBN 978-7-5669-1051-6

I.①解… II.①施… III.①移动通信—互联网络—研究
IV. ① TN929.5

中国版本图书馆 CIP 数据核字（2016）第 101594 号

责任编辑　竺海娟
封面设计　赵晨雪

解码移动互联网竞争本质——情绪思维

施　强　著

出　　　　版：东华大学出版社（上海市延安西路 1882 号，200051）
本 社 网 址：http://www.dhupress.net
天猫旗舰店：http://dhdx.tmall.com
营 销 中 心：021-62193056　62373056　62379558
印　　　　刷：常熟大宏印刷有限公司
开　　　　本：787mm×960mm　1/16
印　　　　张：14.5
字　　　　数：406 千字
版　　　　次：2016 年 6 月第 1 版
印　　　　次：2016 年 6 月第 1 次印刷
书　　　　号：ISBN 978-7-5669-1051-6 / TN・002
定　　　　价：58.00 元

序 言

序 言

　　没有哪一种新的商业模式是凭空出现的，其背后都有着相同的商业逻辑，这种逻辑就是：**如何去洞察环境的变化，弄清楚变化带来了什么机遇，把握这些变化和机遇去重新构造商业的流程。**

　　机会对所有的人都是公平的。我们一定要能够看明白变化来源于哪里，弄清楚变化带来了什么。掌握了正确的思维方法，变化带给我们的才是机遇，反之则是巨大的风险。掌握了正确的思维方法，就能插上移动互联网的翅膀，飞越互联网巨头设置的流量壁垒，收获移动互联网红利，做到：让马化腾当"客服"，让马云做"营业员"，让李彦宏做"促销"，让刘强东做"搬运工"！

移动互联网时代，
"用户"不等于"消费者"！
"性价比"不再是竞争的优势，而是障碍！
"情绪"取代了"流量"成为最重要的资源！

目　　录

1

目　录

目　录

前　言

"热词"满天飞的时代

老帕接触移动互联网行业已经 3 年的时间了。在这 3 年里，老帕自己创过业，现在是一家风险投资机构合伙人。他做过全国大学生创业比赛的评委老师，也一直帮一些企业做管理咨询。在此期间，老帕结识了很多企业家朋友和年轻优秀的创业者。

要是让老帕说说这些年对移动互联网印象最深的事情，那就是——"新词"层出不穷。从《三体》带来的"降纬打击""升纬打击"，到"情怀""参与感""粉丝经济""痛点""新媒体营销""社群经济""寻找风口""场景时代"等，基本上每三四个月，就会有一种新"概念"的商业模式闪亮登场。而每次这种新"概念"模式登场，都伴随着天价估值和巨额融资的故事。于是，每当一种新的模式开始流行的时候，就会出现一大堆的创业项目在复制这些流行的模式，追逐这些时髦的"风口"，大量的投资机构也在到处发掘这样的"新模式"项目。所有的人都在为新模式欢呼雀跃，而没有几个人去深究新模式背后的商业逻辑到底是什么。一旦"风口"过去，往往留下的是尸横遍野、一片狼藉。移动互联网时代，创业难道就是一场场的"时装秀"？曾经有一位风投的朋友开玩笑地对老帕说："现在的热点出现得太快了，感觉休个假就好像是从清朝穿越回来的，都不知道同行们在说什么了。"

焦虑的企业家

而我们的传统企业更是被这些层出不穷的"新概念"弄得无所适从。以前企业家朋友找老帕聊天，问的问题主要是怎么用移动互联网的工具让企业更好地发展。但是现在，老帕好像变成了"知识问答"，每当一种新"概念"出现的时候，老帕就要给这些朋友们从头到底解释一遍新"概念"的来龙去脉。昨天，又有人打来电话问："老帕，快给我说说 IP 到底是个什么意思？

我查了百度，问了上大学的儿子，都说应该是网络地址的意思。但是昨天听大师讲课，一口一个 IP，说的好像又不是那么一回事。到底怎么解啊？"他们拼命的想去了解新时代的变化，了解移动互联网，听各种"大咖""大师"的讲座，读了很多微信上的"干货"文章，被灌输了一脑袋各种千奇百怪的新概念、新模式，接触到了各种五花八门的最新型营销理念和营销手段，但是越听越乱，越学越迷糊。

有朋友说："怎么我们好像一夜之间变成'文盲'了？商业模式不懂我们可以很虚心地学，但是我们现在怎么连'人话'都听不懂了呢？"而一些在媒体推动下出现的"青年创业偶像"，更是让他们对移动互联网产生了怀疑。另一位朋友对老帕说："现在卖个牛肉面都是新商业模式了？我们家门口的老马卖了三十年牛肉面，还新模式？吹吹牛逼、骂骂人就能赚 1 亿？你们'搞'移动互联网的，到底靠谱不靠谱啊？"对于这样想法的朋友，老帕该怎么给你解释，卖牛肉面其实不是在卖牛肉面，是在卖情怀；吹牛逼不是为了吹牛逼是在"装逼"，目的是为了"吸粉"呢！

我们的企业家因此变得越来越焦虑。记得大概 10 年前，有一本很著名的书叫《谁动了我的奶酪？》。当时 CCTV 经济频道还专门做了一期节目，请了几位著名的企业家作访谈。书中的内容大概就是你不主动改变，市场马上就会消灭你这样的意思。书的内容没有什么出奇的地方，但是老帕对当时的访谈印象特别深刻。在访谈的时候，这几位著名的企业家无一例外的都表现的非常焦虑。"如履薄冰"是他们说得最频繁的词汇。这一批在改革开放以后获得成功的企业家是老帕最为钦佩的人。他们专注于产品，精明能干又具有冒险精神，是真正在夹缝中成就了一番事业的人。但是，外部环境的压力一直让中国的企业家非常焦虑。

老帕在这几年与他们交流的过程中发现，与 10 年前相比，我们的企业家现在变得更加焦虑了。"没有前途""看不到方向""不知道还该不该做下去了"是他们最常挂在嘴边的话语。在国家提出"互联网+""创新创业"的战略以后，几乎每一位老帕认识的企业家都会问这样的问题：到底加什么才算是"互联网+"？我的企业到底能不能"互联网+"？尤其是被各路大神们挂在嘴上的"降纬打击"与"升纬打击"一说，更是让他们惶恐不安。曾经有一次，老帕深夜接到了一位企业家朋友的电话："我听了一位著名创业导师（名气比老帕高两三层楼的那种）的演讲，马上去买了一套《三体》。看完以后非常不解，难道我们现在的商业模式就那么落后，那么不堪一击？新的经济模式真的就那么先进，随意的一个打击就彻底覆灭我们？"在老帕看来，《三体》的意义就在于帮助我们从一个更高的角度去认识这个世界，让我们了解到这个世界不完全是按线性在发展的。在某一个特定的阶段，会突然发生质变，这种质变会完全重构我们的市场，甚至是我们的行为方式、商业环境。正如马云在乌镇互联网大会所说的：**"这是一个摧毁你，却与你无关的时代；这是一个跨界打劫你，你却无力反击的时代；这是一个你醒来太慢，干脆就不用醒来的时代；这是一个不是对手比你强，而是你根本连对手是谁都不知道的时代。"**《三体》最大的价值就在于让我们意识到，思考战略方向和商业模式的重要程度要远远大于优秀的执行力；在移动互联网时代，思维的高度是成败的关键。

迷茫的创业者

　　老帕作为风投机构合伙人看到了大量的大学生商业计划书，也作为评委参与了各种区域性的、全国性的大学生创业比赛。老帕看到了很多非常优秀的项目，结识了很多让老帕觉得"羡慕嫉妒恨"的优秀90后创业者。但很多的时候，老帕看到的一些项目只是将一些市场上的流行模式，简单地在校园里面进行复制，模仿出一些看上去非常"新潮"的项目，但缺乏对商业模式和战略的思考。并没有仔细思考项目到底是不是符合了市场和用户的要求、市场的规模有多大、竞争的环境是怎样的以及商业模式到底在解决什么问题。比如老帕几乎在每一次的校园创业比赛时，都能看到"校园废旧物品回收O2O"项目、"学生兼职服务"项目、"学生交友互助"项目。有时候在一个学校里面，都能出现两三个这种同类项目。而推广方式无一例外的都是发传单，微信推广。对于这样的项目，老帕在点评的时候言辞往往比较严厉，"拍砖"拍得比较狠。

　　有朋友给老帕提过好几次建议，说："老帕你是在做评审导师，又不是班主任。如果觉得项目不好，你打低分值就好了，干嘛要那么激烈地'拍'呢？对于年轻的大学生创业者，我们应该鼓励他们，而不是那么严厉地去打击他们的创业积极性。"也有朋友说："你就算是说破嘴，他们也不会听的，反而会非常恨你。你就是那个毁了他们创业梦想的坏人，根本不会有人感谢你！"

　　但是老帕真的很着急，非常着急！

　　因为老帕看到了太多的大学生是在休学创业，不仅投入了大量的精力，耽误了学业；而且投入了远超自己能力的金钱，甚至是以个人信用申请贷款进行创业。在一次项目评审上，老帕见到了这样一位大学生创业者，从衣着上看，这位同学的家境应该并不是非常富裕，他做了一个校园互助交友的APP应用，项目起步时间大概是在2015年八九月份。为了这个项目，这位同学自己个人投入了10多万元找外包开发了APP，现在为了产品推广又在申请创业贷款。在老帕看来，这个应用与市场上大量的同类产品基本上完全一致，是在一个已经被先行者占据了的市场上的重复应用，完全不会再有机会。当老帕问他："现在已有很多成熟的同类产品了，你为什么会觉得自己的产品就会比他们有市场前景？"，这位创业者是这样回答的："我知道有很多同类产品了，但是我觉得现在市场上的产品体验没有我的好。"听他说完，老帕只能说："希望你在下次创业之前，先好好做市场调查"。对于他，老帕是真的不敢"拍"了。

但老帕特别希望，能在他开始花 10 万多做这件事情前，狠狠地拍他一顿！

移动互联网时代，很多的商业模式需要在前期做大量的投入，是要烧钱的。很多的创业者往往会被自己所欺骗，选择性地忽视一个前提，那就是商业模式一定要被市场和用户认可的前提。年轻代表着激情，但是激情和冲动之间往往很难分清。老帕觉得，如果我们已经看到了他们是在以一种错误的方式在创业，而任由其发展下去，这会让他们遭受到非常大的损失，这种损失远远超过了他们能在失败中获得的经验教训。对他们中大部分的人来说，需要用很多年的时间才能去偿还这次失败产生的个人债务，会错失更好的机会。我们为什么不让他们把这样的机会留到下次，留到更有把握的时候呢？毕竟钱烧起来快，挣起来难，贷款是要还的啊。"我爱洗车"O2O 项目失败，北大法学 CEO 欠债 200 多万跑路的前车之鉴更是值得我们的年轻创业者引以为鉴。还有一些项目，则是在现有格局完整、"巨头"把控严密的市场里面，依旧用互联网的思维模式在巨头之间寻求"缝隙"机会，项目的盈利模式直接与"巨头"产生了竞争。这样的项目难道我们不应该尽量去说服他们早点终止，尽快止损么？

对于这些现象背后的原因，老帕思索了很久。老帕认为，我们大家可能都忽视了一个非常非常重要的问题！**到底什么才是商业模式？**

在很多时候，我们所认为的商业模式仅仅是对用户需求的分析，为满足需求所提供的商品或者服务的方法、流程；甚至在很多的 BP 里面，商业模式被简单地等同于盈利模式。但是在老帕眼里，商业模式远不止这些。商业模式应该是在讲述整个项目的思维逻辑，一个有价值的商业模式应该来源于我们对外部环境变化的理解，而不仅仅是某一种具体的用户需求。老帕认为，没有哪一种新的商业模式是凭空出现的，背后都有着相同的商业逻辑，这种逻辑就是如何去洞察环境的变化，弄清楚变化带来了什么机遇，把握这些变化和机遇去重新构造商业的流程。移动互联网时代也是如此，完全没有大师们说得那么高深莫测，那么难以理解。

在今天，互联网已经让整个市场发生了重大的变化，在很多行业，这种变化已经颠覆了原有的商业模式和商业业态。进入移动互联网时代以后，这种变化将更大，颠覆会更加猛烈。但是，机会对所有的人都是公平的。只要能够看明白变化来源于哪里，弄清楚变化带来了什么，掌握了正确的思维逻辑，变化带给我们的才能是机遇，反之则是巨大的风险。移动互联网对于我们所有人来说都是一个全新的环境。我们不应该仅仅看到了成功案例的表现形式，就去简单地模仿复制，而应该更深入地去了解这些商业模式背后的思维逻辑。

老帕在这里，将自己这些年对传统时代、互联网时代和移动互联网时代商业模式的理解整理出来，分享给大家。为大家梳理在不同的时期、每一种成功商业模式背后的思维逻辑，分析他们是适应了什么样的市场变化才获得了成功。帮助大家更清晰地解读移动互联网时代外部环境的变化，这些环境变化又怎样改变了我们的用户与市场，而我们应该怎么掌握这些变化带来的机遇，应该用什么样的思维方法去改造我们的经营过程。希望这些能够帮助大家从新的角度去理解移动互联网环境、用户的特点，打造更有价值的商业模式。

第一章

"传统"商业模式的演进

在老帕看来。在过去 30 多年的时间里面，整个中国的商业模式仅仅发生了一次半的质变，而即将再发生一次质变！

纵观改革开放以后的商业历史，在每一个阶段都有都有一种占主导地位的商业模式。这样的商业模式在一段时间内，都占据着一种巨无霸的商业地位。他们无论在体量上还是利润规模上都是市场的龙头老大，面对产业链上其他经营者的时候，他们都具有很强势的地位。从某种程度上来说，这样的企业在当时已经不再是游戏的参与者（Player），而成为了具有一定地位的规则制定者（Rule Maker）。而他们在经营活动中碰到压力的时候，往往更习惯于在现有的市场环境和思维模式下去寻找解决方案。企业的管理者和经营者容易依赖于经验和惯性，把重心放在内部管理、成本控制、扩大规模等方面，或者在行业内展开兼并重组。他们寄希望于能够通过规模的扩大、内部管理提升、产品结构的调整、市场的促销、广告投放来提升销量和利润。希望能够借此保持和继续扩大在市场上的地位，维持原有的辉煌。

但市场是最现实也是最残酷的。当原来的"巨无霸"们还沉浸在自己的世界里"叱咤风云"的时候，已经有另外一批人敏锐地感觉到了市场即将发生的变化。颠覆者们本能地创造出了一些新的商业模式。当新的模式被市场所认可的时候，用户的行为模式迅速地发生了变化。原有的"巨无霸"们仿佛一夜之间就被用户和市场所抛弃，一下就丧失了市场领导地位，从行业的龙头老大变成了毫不起眼的跟随者！所以我们直观地看到，很多主流的商业模式在短短 10 年甚至 5 年之内被另一种新的模式所取代。原有的"巨无霸"们轻则丧失市场领导地位，重则企业破产倒闭员工下岗失业。在今天，很多人将这种新旧模式的替代称之为"升纬打击"。就是这种突然出现的市场变化，让很多传统企业非常焦虑。这种变化让他们感觉毫无征兆、无法把握，以往所有的知识和经验都不再适用，而新的知识又是那么杂乱和没有体系。他们感觉互联网就像一个大的黑洞，将他们的企业、市场、用户搅和得一塌糊涂；在吞噬、破坏、毁灭一切他们所熟知的商业模式和商业规律。

那么问题来了，是什么原因让这些商业模式在早期获得了巨大的成功？又是什么原因让他们被用户所抛弃呢？到底什么改变了，什么又没有改变？

老帕认为，每一种占领市场的商业模式都是因为发现了经济、技术、社会环境带来的新机遇，找到了在当时的环境中最优化的一种解决方案，这种方案能够解决商业环节中的某个矛盾，提升整个商业链条的效率。这种效率的提升让用户获得更多的利益，因此获得了"红利"，获得了市场的认可。这种解决方案在打磨调整以后固化下来，被大量模仿和复制就成为了我们所了解到的成功"商业模式"。但当经济、技术、社会环境发生了新的变化，出现了另外一种更高效的模式时，旧模式就逐渐被用户所抛弃、被新模式所取代。

让我们快速回顾一下，看看在不同的时期外部环境都发生了那些变化，而这些变化带来了什么机遇，又是怎样造就了不同时代的"巨无霸"。

营业员的黄金年代

"我们同学都可羡慕我了。都说我妈是副食品店的营业员，我们家想吃什么就有什么。"

——电视连续剧《一年又一年》台词，老帕按记忆整理

那时商店营业员绝对是"金饭碗"级的工作。20世纪七八十年代出生的人应该还能够记得，那个时候家里要是有一个在商业系统工作的亲戚绝对是一件让人羡慕的事情。他们工作环境干净明亮，基本上相当于当今最高档

的 5A 级写字楼；工作轻松，福利待遇超好，最重要的是经常能买到很便宜、紧俏的好东西。回想起那段少年时光，你不会记得当时哪个同学的爸爸官最大，谁的爸爸是不是叫"李刚"，但你一定会记得那个妈妈是商场营业员的女同学，就是因为她手上各种晃花眼的稀奇小零食，让你心里满满的都是"羡慕嫉妒恨"！

提起 20 世纪 80 年代和 90 年代的商业环境，我们会记得这样两种著名的商业标签：

1. 上海南京路。当时的上海南京路作为全国最著名的商圈，聚集了全国著名的轻工业产品。"南京路"已经成为了时髦商品的代名词。无论是出差还是旅游，在南京路购买服装等商品都是一种高端、时尚的商业行为。大量的外地游客在南京路第一百货等几家著名的商店为自己和家人、朋友选购服装、鞋帽、零食等商品。其火爆程度远远超过现在国人在香港地区、日本、法国巴黎的疯狂扫货。

2. 在每一个城市都有一个以"人民""解放""友谊""八一"等命名的商场，类似于今天的"shopping Mall"。在每一个县城，乡镇的中心位置也都会有个国营商店或者小卖部。当有电视机、冰箱等紧缺商品出现的时候，抢购的人群会挤满整个商场甚至是门口的马路。没有见到过那样的场面的人，是不会理解什么叫做"抢购"的！这样的场景现在也只有在春运时的火车站能够看到了！

这两种现象代表了当时两种主要的商业矛盾：

销售渠道过于狭窄。作为这个时期商业模式的代表，国营商业体系是唯一合法的流通渠道，国营商店是唯一的合法零售终端，具有天然的垄断地位。"有啥买啥""不问不说，问了也不说""不能挑选，不能还价，爱买不买"是当时用户最主要的消费体验。国营商业体系的唯一作用和功能就是按照指令承担"通路"或者"渠道"的功能，将产品从生产者手中转移到用户者手中。而这种僵化的渠道体系过于狭窄，已经无法满足用户对产品的需求。用户无法在当地购买到心仪的产品，尤其是衣服鞋帽等时尚类产品，更是无法在当地获得，所以用户才会不远万里去南京路这样的商业中心购买。

供给严重不足。在特定的时代背景下商品的品类和数量严重稀缺，用户大量的需求得不到满足。一旦有"紧俏"商品出现的时候，就会出现这样排队抢购的现象。所以在这个时期，用户需求远远大于商品供给，用户的需求更集中在对商品的品类和数量上的需求。商品的供给不足和渠道的过于狭窄、僵化都成为制约商业发展的瓶颈。

商业模式的第一次质变

　　这个时候，**商业模式的第一次质变开始发生了**。当体制的枷锁被打开以后，中国人的创造力被激发出来。第一批"吃螃蟹"的人出现了。大量的小型企业，家庭作坊开始生产各种廉价的商品。而当这些产品被生产出来以后，如何将这些产品送到用户眼前，让用户能够"看得见，买得到，想要买"成了商品的生产者开始关心的问题。营销问题开始成为企业决策者所需要解决的重要问题。围绕着这三个基本的问题，营销解决方案的雏形开始出现。在不同的环境下，如何更高效地解决这三个问题的解决方案，就成为了各种不同的商业业态出现在我们的市场上。

　　在改革开放初期，解决供给问题，满足了用户需求的生产商；解决渠道问题，将产品送到用户眼前的经销商创造了最早期的商业模式。并且就此获得了改革开放初的"用户需求红利"。以温州人为代表的江浙地区中小企业家就是他们中间的佼佼者。

到处都是温州人

　　20 世纪 80 年代末期，出现了这么一种现象：突然有一天我们发现，周围的商业机构完全被温州商人和温州产品占领了。商场是温州人承包的；眼镜店、音像店是温州人开的；家电维修是温州人开的；修鞋的是温州人；连你想给亲朋好友带点当地特产，居然发现卖土特产的都不是本地人了，居然还是温州商人。老帕小的时候在新疆生活，当时在新疆有一个非常流行的笑话，说是有一个偏远的乡镇，当地的老乡（我们对维吾尔族人的简称）说的汉语都带有浓浓的温州口音。因为他们唯一接触的汉族人就是跑来做生意的温州人，在比比划划他们中学会的只有温州普通话。

① "周万顺在上海颇费了一番周折，拿回来皮鞋的最新款式，经过一番钻研和尝试，万顺丰鞋厂正式开张了。"

② "开张当天，周万顺带着鼓乐队敲锣打鼓走过温州大街，还免费请温州的百姓看了场木偶戏，万顺丰的名气一下子在本地打了出来。"

③ "打开温州市场后，周万顺决定拉着一卡车货去杭州租个柜台，一雪前耻。周万顺不直接去找经理租柜台，而是先给商场所有售货员送了不同款式的皮鞋，然后再拉着经理下楼来看'样品'，经理被周万顺说服，同意出租柜台。万顺丰皮鞋正式营业，销售火爆。"

④ "红旗纽扣厂面临倒闭，银花决定承包下来，继续经营。"

⑤ "周万顺去找濒临倒闭的国营小店，说服经营者把半边店铺借出来摆上柜台，按照每月营业额给国营经营者分红，这样一来增加了国营小店经营者的收入，二来也省却了租金，可谓一举两得、互惠互利。"

⑥ "周万顺在街头重遇棠梨头，他问棠梨头借了10万元，利用这10万元参加承会，顺利夺标，一口气借回了120万高利贷。"

⑦周万顺的案子被递交法院，公开审理，这个事情在业内引起轩然大波。许多业主都密切关注着案件的进展，周万顺的审判也关系着他们的命运。经过审讯，周万顺最后贪污罪名成立，被判入狱 8 年。

——摘录自电视连续剧《温州一家人》剧情简介

让我们归纳一下这些描述背后的商业行为：

(1) 研发或者仿制，提供高性价比的产品；

(2) 事件营销；

(3) 找最好的流量入口；

(4) 替代原有的生产者；

(5) 替代原有的经营者；

(6) 融资，持续融资、高风险融资；

(7) 突破壁垒，在体制夹缝中寻找机会。

老帕非常崇敬这一批温州创业者，正是他们在当时用过人的胆识，吃苦耐劳的精神，本能地把握住了商业的本质，经营的要诀。他们开工厂提供性价比最高的产品；承包商店或者租用柜台获得最佳的流量入口；高风险融资获得启动资金；从起初的家庭作坊，发展成今天具有规模成型、聚集效应明显、特征突出的企业群。用这些在今天我们看来也毫不落伍的经营策略、营销手段，让温州商人和温州产品迅速地占据了大江南北的市场。

除了生产型的温州企业，在全国各地出现的温州商人从本质上说，都是在寻找更为便宜的流量入口。这种现象说明，"流量"开始成为了一种重要的市场资源得到了商业的认可，新的商业模式在开始逐步形成。这个时期他们的经营行为，还不能称之为成熟的"流量运营"商业模式,准确地说应该是一种本能地"搜寻流量入口"的经营模式。他们的市场行为表现为寻找没有被满足的市场,空白的流量入口。但是,他们的经营活动吸引了用户,自然地掠夺了旧模式的流量,导致国营商业体系销售规模不断下滑,大量的国营商场倒闭。很多的国营商场商店要么关门搬迁,要么被转租承包给私人的经营者。商场营业员再也不是一个让人羡慕的职业,而变成了最早期的下岗职工人群之一。

　　更高效的新商业模式逐步成型,快速击垮原有狭窄、僵化的国营商业体系,为即将开始的第一次商业模式质变奠定了基础。

"喜当爹"的小商品城

　　"小商品城"是所有现代商业模式的鼻祖,是一种真正成型的商业模式,是"流量运营"模式在新中国的商业舞台上的第一次正式亮相。

　　哪里有需求,哪里就有供给。当限制被放开以后,中国人民的创造能力集中地爆发出来了。以温州为代表的长三角小企业群和潮汕地区为代表的珠三角小企业群在这个期间迅速崛起。在短短的十年里面,各种质量参差不齐的商品迅速从这些地区生产出来。商品的数量和品类逐渐填补了市场的空缺,某些品种的商品供给甚至开始超过了市场的需求。生产过剩的现象开始出现。大量同类同质商品的出现,加剧了竞争,让产品的利润空间不断地下降。

　　面对大量的商品品种和数量,用户希望拥有更大的选择权。用户希望能够快速寻找到心仪的商品,集中地挑选和比对同类商品,购买到"性价比"最高的商品。而当时并不发达的经济条件,让这种"性价比"的需求主要地体现在对低价格的需求上。生产者们通过降低成本,调整产品结构等方法努力为用户提供"性价比"更高的产品。用"性价比"的优势解决用户"想要买"的问题。而对于商品的经营者来说,如何让自己的产品能够被"看得见"和"买的到",同时又能保证低价优势成为了最迫切需要解决的问题。在县、乡镇等更低一级的细分市场里面,出现了很多体量、规模更小的零售业态。他们也需要能够就近集中地挑选和比对同类商品,为他们的小型零售企业寻找到"性价比"最好的货源。

尝到了租赁商场柜台的甜头,一部分眼光敏锐、敢于冒险的"温州商人"开始了更加大胆的尝试。他们尝试建立一种更加符合市场需求的商业形态。于是在中国各级城市里面,迅速崛起了这样一种混合了零售与小型批发功能的商业形态——"小商品城"。这种模式高效地满足了商品经营者集中展示、集中销售产品的需求,同时兼顾了批发的功能,高效地满足了用户降低搜索成本以及降低购买成本的需求。

我们总结下来发现那个时期的商业模式具有以下几个非常显著的特点:

第一,商品展示与商品的购买在同一个时间节点内完成。也就是说在同时解决用户"看得见"和"买得到"的问题;

第二,在这样的市场环境里,用户对价格的敏感度相当高。低价格成为了用户"想要买"的主要决定因素;

第三,商品的功能属性非常强,商品的品牌属性非常弱。

就是在这个时期，商业模式的**本质变化**开始出现。这种"小商品城"已经开始从产品的销售渠道转变为流量的营销平台。他们的商业模式非常简单实用。首先，搜寻人口密度、交通、土地租赁或者购买价格等综合物理条件最合适的环境建立"小商品城"（搭建营销平台）；对有可能产出的流量进行预估，对外宣传推广"流量入口"的价值，进行招商，吸引商户入驻；将不同的流量分级打包以商铺租金的形式出售给商品的生产者或者经营者；通过广告的形式将品种齐全（搜寻成本低），价廉物美（购买成本低，高性价比）这样的信息传递给当地的用户（低价获得流量）；通过经营活动让用户和经销商在市场里形成有效交易；通过用户口碑和后续的广告宣传，让更多的用户进入他的市场，获得更多的流量，形成更多的有效交易；然后通过广告位出租或者提高租金的方式去变现这些增值流量，就此形成商业模式的闭环。通过快速复制，覆盖更多的市场实现规模的扩张。

这些平台的经营者们，不管自己有没有意识到这种转变，他们的商业模式已经从商品的买卖变成流量的经营。在市场的推动下，他们的身份已经从商品的经销者变成了平台的运营者。与之前承包商场或者商店不同的是，他们买卖的不再是"产品"，他们是在营销"人"！他们关注的不再是产品的利润率、销售规模的大小，他们关注的是租金、日均人流量。正是由于这种转变，让"小商品城"这种商业业态，具有了清晰的商业逻辑、成熟的经营理念、明确的经营目标、完整的运营思路。"流量运营"区别于之前"本能地搜寻流量入口"的经营模式，真正成为一种成熟的商业模式。

由于这样的商业模式极大地满足了用户和生产者的需求，快速得到了市场的认可。所以我们看到在很短的时间里，这样的一种商业模式迅速地占据了全国的零售市场。从北京上海这样的特大型城市，一直到县、乡镇一级的农村市场。这种商业模式迅速地成为了当时最主流的商业模式，获得了极大的成功。

在这样的商业模式中，"流量运营"的商业逻辑开始成型。随着这种商业模式被大量复制，竞争开始加剧，主动的流量争夺开始出现了。流量越来越成为了一种稀缺资源被所有的零售业态所重视。获取流量的能力开始成为决定企业成败的最主要的决定要素。基于环境因素和他们自身的商业逻辑，这种竞争最重要的的特点就是：**"商品的品类与性价比成为争夺流量的工具与手段。"**明白了这一点，我们就会更加容易地理解后面出现的一些商业模式的本质和特点。也就能明白为什么这一章的标题是"喜当爹的'小商品城'"。

看到这里，有些读者可能会提出这样的疑问，老帕你说的只是这些"小商品城"或者是集贸市场的经营者和运营者，他们确实在进行一个流量的买卖。那么在这"小商品城"里头的商户呢？他们难道进行的不是产品的销售，他们实现的不是渠道的分销功能么？

在这里老帕想说：你说的完全正确，他们在商业行为的表现上确实体现为一种渠道功能。他们进行的是商品的买进和卖出，在这一进一出中获得差价来实现利润。但是发掘和仔细研究它们的本质，我们可以将这种商业行为理解为另外一种方式的"流量运营"。他们是从平台的运营者手中购买流量，然后把这些流量溢价加载在他们的商品上。通过售卖商品获得流量的变现。所以这些商户们比拼的就是谁能够获得更好的流量入口，将这些流量转化为实际的收益、更高价地变现这些流量。同时他们还要考虑如何用所提供商品的性价比留住这些产生的流量、获得新增的流量。

而随着经济的发展，经济、技术、社会环境不断变化，用户也在不断变化，"流量运营"的模式也随之在不断的演进和分化。部分商品经营者开始离开"小商品城"，以独立的店铺形式提供产品和服务。部分的商品经营者将重心放在渠道的服务上，成为了独立的渠道商、分销商。"流量运营"呈现出越来越多的表现形式。

流量运营进入加速细分期

20世纪90年代，由于过分追求商品的低成本，市场上出现了大量假冒的、劣质的低价产品。科技的发展、新技术的运用，让很多新产品快速地、大量地出现。用户直观地区别商品品质的难度越来越大，越来越难以辨别产品的好坏与真假。而监管的缺位更是让这样的产品在市场上大量流通，这从另一个角度上推高了用户搜索购买商品的成本。"假货横行"变成了那个时期最让用户头疼的事情。而在"小商品城"这种粗放的流量运营模式里，用户对价格的敏感度相当高，商品的功能属性非常强，商品的品牌属性非常弱。"小商品城"的经营者无法对产品质量作出保证，用户必须凭借自己的经验去感觉商品质量。当他们对产品质量没有把握的时候，出于减少损失的心理，只能尽力追求更低的价格。

Shopping Mall 的出现

经济的发展让更多的用户开始寻求更好的购物与服务体验。对服装、首饰、化妆品等中高档时尚产品，用户开始追求品牌和服务所带来的情感体验，并愿意为这样的情感体验支付溢价。在这样的用户需求下，商品的经营者需要为自己所销售的产品进行质量背书，需要向用户证明自己的实力来强化质量背书；需要更高档的购物环境为用户提供更好的购物体验，满足用户的情感需求。而"小商品城"相对杂乱、辨识度低的销售环境已经不适应这种需求的变化。于是，"小商品城"开始演进出另一种更高端的新业态形式，大型商场和购物中心。新的业态形式用统一的管理为用户

21

提供品牌背书，吸引高档品牌的入驻，用宽敞明亮的环境为用户提供更好的购物体验，同时集成娱乐餐饮等服务为用户提供一站式消费体验，以此来吸引追求情感体验的高端用户。所以说，"小商品城"血缘最"正统"的嫡系子嗣就是以万达为代表的线下实体购物中心 Shopping Mall。

"国美"们开始崭露头角

而像家电和电子产品这样高单价、质量难以从外观上判断的商品，"质优"开始取代"价廉"成为用户首要的关注点，"性能好"成为用户选择商品的首要决定因素。在无法对商品质量作出判断的时候，用户更希望商品的生产者和经营者能够为产品作出质量保证。于是，此类商品的生产者开始用品牌将自己与同类产品区分开来，用品牌为自己产品的质量进行背书，并用广告的形式将这种背书信息传递给用户；商品的经营者开始用自有的店铺和零售品牌为用户提供这样的质量背书。

"XX 一条街"的产生

越来越多品类的商品开始自然地从"小商品城"体系中分化出来。经营者们开始离开"小商品城"，以独立的店铺形式提供产品和服务。在很多城市的商业中心开始出现另一种零售业态，同一类商品的经营者自发或者是在政府引导下出现了种种的"一条街"。电子产品作为一种新的商品品类，最为突出地体现了这样的特点。在这个时期，政府开始承担了整个平台运营者的职能。商品经营者更多的是以夫妻档或者小型店铺的形式出现，他们通过集中展示销售某一个类别的商品和服务获得收益，部分还承担下级地区小型批发商的职能。与"小商品城"中的商户一样，他们以房租的形式购买流量，通过售卖品牌产品获得流量的变现。同样他们比拼的也是谁能够更高效地将流量转化为实际的收益、如何更高价地变现这些流量。为了与竞争对手争夺流量，获得用户的口碑，长期占据流量的入口，在保证品质的同时提供更低的价格又成为了他们抢夺流量获得收益的主要手段。

他们的商业模式和经营理念就变成：寻找物理条件最好的市口建立商铺（优质原始流量入口），从品牌厂家或者上游渠道获得品质有保障的商品，通过广告的形式传递将品质保证、品种齐全（搜寻成本低）、价廉物美（购买成本低）这样的信息传递给当地的用户（获得新增流量），用独立的店铺和自有的商业品牌为这样的保证做背书；通过售卖商品获得流量的变现；通过用户口碑跟后续的的广告宣传，让更多的用户进入市场，获得更多的流量。

这些经营业态在发展中与"小商品城"的"流量运营"模式互相融合，由此产生了另外一种商业业态，一种"小商品城"的"混血"子嗣。他们的代表就是"国美""苏宁"这样的线下家电连锁零售商。与他们的表兄弟"万达"们一样，由于具有"小商品城"强大的基因，他们一样在行业内成为了巨无霸的存在。

短暂的快乐年代

随着中国经济进入高速发展期，产业链上的各个参与者进入了一个快乐美好的时期，大家都在享受经济发展带来的红利。

各种一条街上的经营户们享受着地理位置带来的流量收入，过着快乐幸福的生活；

早期"国美"们在稳步发展，逐渐扩大自己的商业版图；

早期的"万达"们享受着高端人群带来的溢价收益；

"小商品城"里还在卖着各种功能明确、价格低廉但是质量模糊不清的商品；

渠道商帮助生产商将商品覆盖到各个流量入口。获得物流、财务服务的收入；

生产商致力于生产性价比更好的产品，增加广告宣传提升品牌价值。不同品牌的商品按照品牌价值的高低获得不同的品牌溢价；

大家各守本分，加强管理，开源节流，努力将自己的本职工作做得更好。虽然在细节上也会有所争执，但基本上能够做到相安无事，合作愉快，大家都有钱赚。

但快乐永远是短暂的，用户对于"低价"的欲望是无止尽的。随着国家对交通和通讯基础设施的大量投入，物流能力的提高让商品的流通越来越快捷；信息技术水平的提高让商品的价格等各种信息变得越来透明。用户有了更大的挑选余地，获得了更大的话语权。

有边界的激烈战争时代

扩张是资本的本能。当一种商业模式的成功得到了市场认可时，迅速地有大量的跟进者去模仿，让这种模式的边际收益被迅速地降低。从当年的温州商人遍布全国，到前些年的"千团大战"、今天的全民全行业 O2O，都是这种特点的直接体现。而资本的介入更是加剧了这样的现象。为了生存和发展，扩张变成了他们的唯一选择，快乐美好的时代结束了。

随着物流越来越便利，商品信息越来越透明，原有的各级渠道商的存在价值越来越低。

掌握了流量入口，直接面对最终用户的"国美"们越来越大，市场占有率越来越高，资金实力越来越雄厚，他们不安分于只作为产业链的最下端、只获取简单的零售利润。随着同类的竞争对手越来越多，所经营的商品品类开始越来越趋同。为了能够将更多的流量从竞争对手那里争夺过来，为了能在与上游的博弈中获得更强的谈判地位，获得更多的利润空间，不断地展开价格战自然而然地成为了扩大市场占有率，抢夺流量最主要的竞争手段。不断地扩大规模以期形成在市场上的垄断地位，成为那个时期商业竞争的主要经营战略。

随着大连锁零售平台不断地扩张规模，渠道代理商的生存空间被持续挤压，渠道的层级不断减少；减少的渠道环节让大零售平台获得了更大的价格空间，让他们拥有更充分的弹药进行价格战。激烈的价格战对小型零售商构成了毁灭性打击，流量入口被进一步地聚拢在大连锁商手中，流量入口越来越集中。而商品生产厂家在这样的博弈中步步后退，对产品的销售、渠道、零售价格的掌控能力越来越小，利润被进一步挤占。

同类型的商业平台之间激烈的价格战，以及不断地兼并重组成为了那个时期商业竞争最主要的特点。但是由于物理条件的限制，大多数情况下，这样的竞争还是发生在同类别的商家之间。这也是这个时期商业的特点之一，老帕称之为"有边界的激烈战争"。让我们看看资料，重温一下当年的竞争态势。

1987 年 1 月 1 日，黄光裕在北京创立国美电器。

1990 年，国美创新供销模式，脱离中间商，与上游厂家实施直供模式。

1991 年，国美率先创新在《北京晚报》刊登中缝报价广告，走出了坐店经营的传统模式，被誉为中缝大王。

1992 年，国美在北京将所有店铺统一命名为"国美电器"，形成中国最早的连锁雏形。

1999 年 7 月，国美在天津开设两家连锁店。

1999 年 12 月，国美进军上海，实现了京、津、沪连锁的构架。

2005 年 7 月，南京国美成功开业，为国美全面完成国内一级市场网络布局划上了圆满的句号。

2006 年 11 月，国美永乐举行合并庆典。黄光裕先生任合并后国美集团董事局主席，陈晓先生任集团总裁。

2007 年 11 月，亚洲零售杂志发布第三届亚太零售 500 强十大零售商榜单，国美荣获"亚太零售 500 强最佳零售商奖"和"亚太零售 500 强金奖"，位列中国零售商第一名。

2007 年 12 月，国美全面托管大中电器。

——百度百科国美电器

我们再来回顾一下 2005 年的相关商业报道，感受一下关于这几大商家当年的商战氛围。

国美苏宁大中扎堆 永乐进京引爆四强淘汰赛

永乐进京前，国美等巨头在京已开出了 90 家门店。明知有 90 个敌人还要挤进战团，是找死还是无畏？永乐电器显然想给中国家电业寻找一个答案。昨天下午，进京后一直低调的上海永乐在北京德胜门城楼高调召开盛大新闻发布会，豪言到年底将在京开出 6~7 家大卖场，夺得 10 亿元份额。刚刚平衡不久的京城家电市场格局顿时又倾斜了。这次，只怕是一次颠覆性的倾斜。

2002 年初苏宁进军北京时，国美、大中仅有不到 30 家门店。经过三年苦战，苏宁终于在京城家电市场站稳脚跟，三分天下有其一。如今永乐进京，敌我力量对比已变成 90∶1，即国美、苏宁、大中三巨头有 90 家门店，年总销售额约 100 亿元。永乐要到年底前开出 6~7 家店，虎口"拔"出 10 亿元份额，永乐会有当初苏宁的运气吗？5 月 1 日起低调在京试营业的永乐，昨天下午突然高调在德胜门城楼召开盛大新闻发布会，宣布正式加入京城家电市场竞争。"当初闯王 李自成就是由此攻破北京，灭亡明朝。我们希望能沾点吉气。"私底下，永乐北京分公司总经理曾之宁并不讳言择址的良苦用心。针对遍布 90 家家电连锁店的铁壁合围，永乐此次将利用全国拥有 108 家门店的规模优势，将一些全国采购的家电集中支持北京市场，一些产品价格甚至能低于市场平均售价 30%~40%。这些资源足以支持北京永乐以 1 店之力对抗 90 家店。同时，永乐在上海与联通创立了捆绑销售的合作，使手机价格能够低到难以置信的低廉价格，上亿元话费分成也可补贴在家电价格战上的投入。永乐将把这套方式移植到北京市场。此外，永乐还将在京推出家电差额补偿。与对手的差额补偿不同。永乐的"补偿"也适用于自己，即在一定期限内，如果用户购买的家电在永乐降价，永乐将为其补足降价差额。虽然有备而来，但在言语中曾之宁却仍内敛锋芒："北京毕竟是国美、大中大本营，我们开店不准备很快赚钱，我们是来交学费学习的。"据了解，作为国内第三大家电连锁，永乐在大本营上海拥有绝对优势，市场份额超过 60%。而摩根士丹利为其注资 4 亿元，也使其有了更多支撑扩张的资金，这一切都使永乐董事长扩张的欲望高涨。据永乐内部高层透露，董事长陈晓已明确表示，永乐如果不拿下广东与北京市场，就谈不上全国性连锁。由于北京是国美大本营，又有大中这样的区域强手以及通过贴身肉搏立足的苏宁，永乐应集结所有全国资源打好北京一仗。

国美苏宁截杀

值得玩味的是，昨天下午抢在永乐会前，国美在京也紧急召开有近50位家电厂家老总参与的发布会，公布本周将发动的国美夏季攻势。

据国美电器北京分公司总经理王辉文介绍，本周末起一场家电"零度风暴"将刮遍国美旗下北京所有家电卖场，这也是国美第一轮夏季促销攻势。国美期望京城家电价格指数将首次出现"零点利"。包括电视、空调、冰洗、手机以及数码在内所有家电价格，会在今年夏天进入一个"临界点"，而国美的低价战略将横贯整个夏季。在此次攻势中，国美空调价格整体降幅将达到30%，彩电降幅也将超过25%，特别是一些外资彩电厂家已经与国美签署协议，预计本周大批外资品牌等离子将在北京国美降到1.6万~1.7万元左右。上周刚刚借8元空调大打价格战的苏宁，则继续在空调市场大动干戈。昨天苏宁宣布，已在北京市场强制各空调品牌提前100天张贴空调能效标识，从而提前100天将不符合国家新能效比标准的空调清出北京苏宁门店。苏宁华北大区总监范志军表示，苏宁本周空调价格将再降10%~15%，带动了整个空调市场价格的下降。尽管国美、苏宁都极力否认市场攻势与永乐进京有关，但两大高手此时一齐出手，无疑令人浮想联翩。

谁能全身而退

据了解，在今年2月国家商务部公布的前30强连锁企业当中，国美、苏宁、永乐等3巨头分列全国商业连锁企业第2、4、11位，最高的国美，销售额达到238.7亿元，最少的永乐销售额也有150亿元。再加上年销售50亿~60亿元的大中，很难想象，四大家电巨无霸聚齐北京市场，将会出现怎样的结局。

——摘录自：2005-06-01 京华时报

一场轰轰烈烈开始，悄无声息结束的"世纪大收购"

随着大型家电连锁业企业不断地攻城略地，"终极碰撞"不可避免地出现了。2007年著名的"世纪大收购"，标志着家电连锁业进入最后的兼并重组期。国美、苏宁作为家电连锁业最后的大鳄，不断地在兼并其他的小型竞争对手。继国美收购永乐电器之后，大中电器成为了最后一个猎物，谁拿下了大中就能成为市场规模上的龙头老大，获得无法撼动的"一哥"地位。当大中终于也传出要"卖身"的消息时，引发了苏宁和国美的疯狂争夺。并在2007年12月短短数天内上演了一场跌宕起伏的商战大片，最终苏宁退出，国美闪电入主大中。各种难辨真伪的传言、不断跳涨的收购价格、含糊其辞的承诺、语焉不详的短信、神秘的"间谍事件"，诸多情节完全不亚于一部好莱坞商战大片所包含的元素。而之后国美老板的入狱，又为这场大战加上了诸多的想象空间。可以说这场收购大战在当时影响非常巨大，标志着整个家电连锁业的竞争进入了一个最高潮、最疯狂的阶段。行业内所有的人都非常紧张，都觉得这场世纪并购会对整个行业格局照成根本性的影响。当时老帕所在的企业还专门召开了紧急会议商讨该如何应对这样的市场格局变化。但是到了今天又有几个人知道，国美对大中的收购其实到2015年才算完成，而在今天又有几个人会去关注这样的兼并对市场造成的影响？

苏宁最后时刻离奇出局　国美曲线收购大中

大中早就开始与苏宁密切洽谈收购事宜，而国美则通过永乐与大中之前的协议进行牵制。由此，大中、国美、苏宁三者的关系也进入了胶着状态。眼下，一场旷日持久的拔河终于有了结果当业界一致确信苏宁电器洽购大中电器已是板上钉钉之时，一出大逆转却在12月12日晚不期上演。当日晚10时从知情人士处获悉，苏宁电器发布公告称终止收购大中电器。该人士还透露，

12日下午，苏宁已将近期派驻到大中办公区域的员工全部撤走。同期，大中战略发展顾问楼申光则表示，大中近期不会再和苏宁开展谈判。突如其来的变故意味着苏宁洽购大中的行为已骤然停止。此前一周，有报道披露苏宁已完成对大中门店盈利能力的核算工作，也完成了对大中各个职能部门的清账。

正当业界愕然之际，12月14日晚间，国美电器发布公告称将以36亿元的价格通过第三方曲线收购大中电器，并且全面接管大中电器的业务。自国美收购永乐电器后，大中电器一直周旋在国美与苏宁之间待价而沽，还有一年便值退休年龄的张大中早已有了卖掉大中变现的想法。由于在领导风格上总是事必躬亲，大中电器没有建立起有效的管理监督机制，也没有培养出足以挑大梁的接班人，因此出售大中似乎成为大中电器的唯一出路。此前，大中电器曾经与永乐电器协议合并，并收下了后者为此支付的1.5亿元人民币定金。但事隔不久，国美并购永乐电器，将大中送入尴尬之地。大中电器提出解约遭到拒绝后，大中单方面解约。双方争执不下，如今此案仍悬在北京仲裁委员会，原永乐电器董事长、现任国美集团总裁的陈晓接受记者采访时表示，仲裁结果可能在下半年发布。之后，大中开始与苏宁密切洽谈收购事宜，而国美则通过永乐与大中之前的协议阻挠。由此，两强竞逐大中之势也进入了胶着状态。有知情者透露，在今年2月，苏宁与大中就达成了初步协议，约定收购价格是30亿元。此后双方一直未能最终敲定，一方面固然有永乐搅局的因素，而更关键的还是价格方面难以一致。大中有了提高价码的打算，而苏宁并无此念，双方耗至今日。11月底，业界纷传苏宁洽购大中已是时间问题，苏宁也实质性地开始了对大中的收编工作，本来大中本月初已经与苏宁初步达成收购协议，将内部存档的一些重要数据已经交给苏宁，计划在12月20日联合对外宣布"苏宁收购大中"之事。不过，因为国美突然开出比苏宁更高的收购价格，导致形势急转，苏宁才决定最终放弃大中。

　　神秘的"间谍事件"至今给人印象深刻的是，在苏宁与大中走走停停期间，有着一桩"商业间谍"的小插曲。5月30日，大中电器通知驻京媒体，有一场"轰动性新闻"的发布会在第二天进行。坊间则传闻会议是有关大中电器掌握竞争对手在其内部派驻商业间谍的证据——这一事件已经成为当时家电领域最热门的话题。多家媒体报道称，大中电器一名内部员工涉嫌充当竞争对手的商业间谍，将大中电器的一系列商业秘密透露出去，其中包括营销计划书、价格信息、开店协议、与合作伙伴的合同等。但蹊跷的是，5月31日的新闻发布会在几十家媒体悉数到场以后，被意外宣告取消。而大中电器新闻发言人罗连的发言与宋红先前的表达全然不同。她对于"是否有商业间谍这件事"以及"大中是否会继续追究"等问题一概不置可否。她表示，就商业间谍这件事情，大中从来没有对外界发布什么消息，所有消息都是坊间传言。在媒体的一再追问下，罗连向记者展示了一条大中电器创始人张大中转发给她的短信，短信内容原本是某大型家电连锁机构主席发给张大中的，大意是"己所不欲，勿施于人……茶楼所托之事，思量再三，……同意……发布会取消"云云。有知情者指出，该主席来自两家商业连锁巨头之一。暗插在大中里的"间谍"是为了更好地掌握对手信息，以便在收购过程占据优势地位。在间谍被大中发现之后，张大中抓住机会趁机讨价还价，两人曾在某茶楼面谈，只不过当时大中的条件并未接受，才有后来大中欲公开此事一说。而该主席权衡再三后，还是决定与大中私下和解，因此中国的这"第一场商业间谍官司"还未开场，便已谢幕。这场收购博弈的过程中，有着许多不为外人所知的精彩故事，中国家电连锁业的激烈竞争程度可见一斑。而这位主席究竟是谁，间谍案又给大中收购带来了哪些变数，还是一个谜。

—— 2007 年 12 月 26 日 IT 时代周刊

正如老帕在前面所提到的，当巨头们还沉浸在原有的市场环境和思维模式下去寻找解决方案，寄希望于能够通过复制和兼并继续保持市场地位，维持原有的辉煌的时候，已经有另外一批人敏锐地感觉到了用户需求的转变，意识到市场即将发生变化。新的搅局者本能地创造出了一些更新的商业模式和商业平台，新的平台很快被用户认可和接受，在很短的时间内迅速地发展壮大。由于迎合了市场的需求，新的模式让用户的消费行为快速的转变。原有巨无霸的业绩呈现"断崖式"的下滑，市场地位迅速被新模式所取代！

第二章

一群来势汹汹的"孙子"

当大鳄们还沉静在自己的江湖中翻云覆雨时，当我们还在惊叹于那跌宕起伏的商战大片时，一群凶狠的"孙子"们出现了。老帕将他们称作"孙子"们，完全没有任何嘲讽或者贬低的意思。因为他们的商业模式在本质上都是来源于"小商品城"的"流量运营"模式，他们身上有着鲜明的血统延续。与他们线下的前辈一样，他们同样呈现出两种不同的细分形态。

第一种，就是以淘宝为代表的平台型电商模式，这是"小商品城"最血统纯正的嫡系后代。与"小商品城"一样，这种模式以提供品类齐全、价格低廉的商品作为争夺流量最主要的手段。同样在这种体系里面，用户对价格的敏感度高、商品的功能属性强、品牌属性弱，这种模式也无法对产品的质量作太多的背书保证。

另一种就是"小商品城"的混血后代，以京东、一号店为代表的自营型电商业模式。与父辈们"国美""苏宁"一样，他们以销售正品行货为主，是以自有的商业品牌为产品质量做背书的自营式电商。通过售卖商品获得流量的变现；通过用户口碑跟后续的广告宣传，让更多的用户进入市场，获得更多的流量。

什么改变了，什么又没变？

这个时候。我们所说的半个重大的变革开始了。为什么我们说是半个改变？因为首先从商业模式和逻辑上并没有发生本质的改变。不管是淘宝、当当、京东，还是一号店。他们商业模式的逻辑与他们在线下的前辈并没有本质上的区别。

商业模式和运营思路同样是：建立新的零售平台；用免费或者低成本的方式吸引大量的商品供给者入驻；将同品类的商品集中展示和对比，用这种集中展示和比对逼迫商品供给者不断地降低商品的价格，提高商品的性价比，以此吸引用户的关注和购买；通过广告的形式将品种齐全（搜寻成本低），价廉物美（购买成本低）这样的信息传递给用户（低价获得流量）；通过用户口碑跟后续的的广告宣传，吸引用户产生更多的流量；通过自营产品利差，或者是广告位收入的方式去变现这些流量。

但是互联网技术的运用，改变了信息传递的方式。**打破了"信息不对称"，打开了用户的"眼睛"，让所有信息公平地展示在所有用户的眼前！**

这使得电商平台突破了传统零售商在物理上的界限，他们不再需要寻找实际的流量入口，不需要实体的店铺，在理论上他们可以无限增加商品的品类而不需要额外付出成本。行业的界限也因此被打破，流量的争夺开始在几乎所有商品的品类上面进行。

借助科技和资本的力量，他们扩张的速度远远超过了线下的前辈们。迅速将**"性价比争夺流量"**的商业模式运用到了极致，将战火扩大到了几乎所有的商品品类。由于这种模式能够将用户的搜寻成本降到最低，在解决了物流以及信用问题以后，这种模式迅速得到了用户的认可，将大量的流量从线下零售商手中抢夺了过来，并在很大程度上改变了用户的消费习惯。从效果上可以说是颠覆了传统的商业模式。所以我们称之为**重大的，半个变革！**

与传统的线下模式一样，随着经营商品的品类开始越来越趋同，为了能够将更多的流量从竞争对手那里争夺过来，在与上游的博弈中获得更强的谈判地位，更大程度挤压上游环节的利润空间，价格战成为了他们抢夺流量和扩大规模的唯一手段。尤其是资本市场的压力使得他们必须不断地提高规模以及市场份额，电商平台之间价格战的强度和广度迅速扩大。这种竞争带来的溢出效应就是对线下的商业实体造成了毁灭性的打击。

商品生产者的生存空间一再被挤压。传统渠道流量被不断地掠夺，线下的销量不断的缩小。这样的价格战又进一步扩大了线上平台的规模，进一步打击了线下渠道。让商品的生产者越来越依赖线上电商平台，被紧紧捆绑在电商平台的车轮上。

没有品牌作质量背书的产品为了获得销量的增长只能拼命在电商平台上用低价格来吸引用户，或者被迫购买越来越高的广告位。而有品牌知名度的商品也因为电商平台激烈的价格战导致单个产品的生命周期越来越短、利润空间越来越小；增加商品品类又会让企业面临研发成本、营销成本的上升。商品生产者开始彻底失去对产品价格的控制权，所有人都开始面对利润加速下滑的趋势。商品的生产开始变成一种不得不做、越做越亏的事情。所有的人都失去了方向，对前景感到一片昏暗。似乎一时间，所有人都成了输家，唯一的成功者只剩下了电商平台。

经营者开始愤怒，生产者开始焦虑。网络上到处出现了对电商平台言辞激烈的攻击。甚至有实体商户前往工商局，以赠送国家工商总局锦旗的方式请求国家取缔电商行业，为小商户留一条活路。对于生计遭到毁灭性打击的经营者老帕完全能够理解那种无助与愤怒。俗话说得好，毁人财路如杀人父母。但是我们看到在这样的攻击和谩骂中，电商平台继续以极快的速度在发展壮大。

据中国之声《新闻和报纸摘要》报道，912亿，时间定格在2015年11月11日午夜12点。和去年全天571亿的交易额相比，天猫今年"双十一"实现了60%的增长，创下7年来新高。与此同时，京东商城10小时订单量超过1000万，同比增长180%；苏宁线上线下双线订单同比大增372%；当当1小时购物总订单量48.3万。根据国家邮政局最新监测数据，"双十一"全天，全国共产生快递物流订单 4.6 亿件，同比增长 65%。

——央广网北京 2015 年 11 月 12 日

技术的进步不可能倒退，市场趋势一旦形成就无法逆转。当环境已经发生了本质变化的时候，哭泣和谩骂是没有办法解决问题的。仔细剖析商业模式背后的本质，掌握新技术革新的带来新的变化，结合自己的行业特征找出自己的发展方向才是唯一的生存之道。

招果为因，克获为果

难道说，所有的恶果都是电商平台带来的？新技术给我们带来的不是更多的机会而是在毁灭我们的商业环境么？我们的生产者就那么无辜，是受害者而没有责任么？在老帕看来恰恰相反，正是因为中国企业原有的经营模式使得市场上充斥了过多的同品类商品，这样的市场环境为电商平台的快速崛起造就了肥沃的土壤。互联网技术让我们尝到了旧理念带来的恶果，而移动互联网技术正在给我们创造修正错误的条件和机会。

不知道大家有没有注意到，在第一章《到处都是温州人》一节的内容里面老帕提到过这样一个细节：

"周万顺在上海颇费了一番周折，拿回来皮鞋的最新款式，经过一番钻研和尝试，万顺丰鞋厂正式开张了。"

这个细节告诉我们，早期的商品供给者们通过对其他企业热销产品的仿制和改良获得了第一桶金。这种对成功产品的仿制和改良被我们的生产者大量的采用，成为了中国企业主要的经营理念，这种模式在今天被我们称之为"山寨"模式。而这种"山寨"模式带来的后果就是功能、外观相近的同类产品大量出现，商品的辨识度非常低。

说句题外话，有些人将这种现象出现的原因，解释为中国人懒惰和喜欢不劳而获的民族劣根性所导致的。对这种说法，老帕非常非常反感。老帕从来就不认同什么"劣根性"的说法，特别讨厌这种动不动就给自己脸上抹烂泥的家伙。人性是逐利和追求安全的，全世界所有的人都一样。为什么仿制和抄袭会成为一种普遍现象，除了市场监管的缺失造成"劣币驱逐良币"的经济现象之外，更重要的原因是经历了特殊的历史时期之后，外部环境让中国企业家们心里普遍存在的"不安全感"。正是这种"不安全感"让中国的企业家们不敢作长期的投入，而代之以"挣快钱"作为企业的经营理念。即使是在今天，造成这种"不安全感"的外部因素依然存在，这种"不安全感"依然存在于我们的企业家心里。

这种经营理念造就的大量"产品同质性"和电商平台为用户提供的"信息完全性"，让我们的部分的商品品类，达到了经济学所说的"完全竞争市场"这样的一种状态。有意思的是，在原有的经济学教科书中，这样的一种市场结构是市场经济发展到很高的阶段才会出现的一种竞争状态。但在我们这里，却普遍出现在很多的商品市场上。

完全竞争市场：完全竞争市场是指竞争充分而不受任何阻碍和干扰的一种市场结构。在这种市场类型中，买卖人数众多，买者和卖者是价格的接受者，资源可自由流动，信息具有完全性。

大量买者和卖者：市场上有众多的生产者和用户，任何一个生产者或用户都不能影响市场价格。由于存在着大量的生产者和用户，与整个市场的生产量（即销售量）和购买量相比较，任何一个生产者的生产量（即销售量）和任何一个用户的购买量所占的比例都很小，因而，他们都无能力影响市场的产量（即销售量）和价格，所以，任何生产者和用户的单独市场行为都不会引起市场产量（即销售量）和价格的变化。美国经济学家乔治·斯蒂格勒认为任何单独的购买者和销售者都不能依凭其购买和销售来影响价格。用另一种方式来表达，就是：任何购买者面对的供给弹性是无穷大，而销售者面临的需求弹性也是无穷大的。

产品同质性：市场上有许多企业，每个企业在生产某种产品时不仅是同质的产品，而且在产品的质量、性能、外形、包装等等方面也是无差别的，以致于任何一个企业都无法通过自己的产品具有与他人产品的特异之处来影响价格而形成垄断，从而享受垄断利益。对于用户来说，无论购买哪一个企业的产品都是同质无差别产品，以致于众多用户无法根据产品的差别而形成偏好，从而使生产这些产品的生产者形成一定的垄断性而影响市场价格。也就是说，只要生产同质产品，各种商品互相之间就具有完全的替代性，这很容易接近完全竞争市场。

资源流动性：这意味着厂商进入或退出一个行业是完全自由和毫无困难的。任何一个生产者，既可以自由进入某个市场，也可以自由退出某个市场，即进入市场或退出市场完全由生产者自己自由决定，不受任何社会法令和其他社会力量的限制。由于无任何进出市场的社会障碍，生产者能自由进入或退出市场，因此，当某个行业市场上有净利润时，就会吸引许多新的生产者进入这个行业市场，从而引起利润的下降，以致于利润逐渐消失。而当行业市场出现亏损时，许多生产者又会退出这个市场，从而又会引起行业市场利润的出现和增长。这样，在一个较长的时期内，生产者只能获得正常的利润，而不能获得垄断利益。

信息完全性：即市场上的每一个买者和卖者都掌握着与自己的经济决策有关的一切信息。这样每一个用户和每一个厂商都可以根据自己掌握的完全的信息，做出自己的最优的经济决策，从而获得最大的经济效益。而且，由于每一个买者和卖者都知道既定的市场价格，都按照这一既定的市场价格进行交易，这也就排除了由于信息不通畅而可能导致的一个市场同时按照不同的价格进行交易的情况。所以，任何市场主体都不能通过权力、关税、补贴、配给或其他任何人为的手段来控制市场供需和市场价格。

——百度百科"完全竞争市场"

在这样的竞争格局下，商品的生产者为了维持企业的基本运转，只能通过不断地降低价格刺激用户购买。而长期养成的"挣快钱"思维模式，又使得很多的企业家在遇到问题的时候，习惯性地寄希望于模仿简单高效的手段、迅速见效的办法；到处寻求"一针灵""一招鲜"的大师金点子，而懒得对商业模式作战略的思索和设计。在电商平台和一些"大师"们的联合诱导下，拼命地打造"爆款"成了最主流的经营理念。在降价无法解决问题的时候，购买平台所提供的流量入口便成了他们最后的选择。他们彻底沦为了电商平台的"流量工具"和现金来源，在榨干自己的同时成就了电商。

不成功的国产品牌之路

也许有人会有不同意见，觉得老帕所说的这种完全竞争市场格局只存在于部分中小企业所生产的低端产品。我们还有一些家喻户晓的国产品牌，他们应该获得了品牌价值，而不是处在老帕所说的完全竞争的市场环境中。说的不错，在近几十年里，我们的企业也在寻求自主品牌的突围之路。但是在老帕看来，由于自身的局限性和外部环境限制，我们的国产品牌突围之路并不成功。只有很少数的商品品类跳出了"性价比"的限制，获得了真正的品牌溢价。除了"茅台""五粮液"为代表的高档白酒品牌，绝大多数的中国企业仅仅做到了用品牌为产品质量背书，依然是在完全竞争的市场环境下挣扎。

限制国产品牌发展的原因在老帕看来有以下几个：

历史环境的制约。我们知道，品牌的形成需要时间的积淀。尤其对于一些高端的品牌，甚至需要上百年、几百年的传承才能给品牌积累下厚重的情感沉淀。但是由于特定的历史原因，我们的民族企业传承在20世纪中期受到了毁灭性的打击，大量的民族品牌消失在那个特定的历史时期。除了一些白酒品牌以外，很少有商品能为自己讲述出一个真正的历史传承。这导致了国产品牌的先天不足。

自身的局限性。与"山寨"模式来源于同样的历史原因，在很多时候，中国企业的品牌经营理念并不是为了去建立一个能传承百年的金字招牌，而是为了能迅速地建立品牌影响力，然后迅速地变现品牌价值。从早期的"秦池"到之后的"蒙牛"，在品牌家喻户晓的同时，都曾经爆出了质量上的重大问题。这类事件的不断出现，损害了用户对整体国产品牌的信任度。

媒体环境的限制。在传统的媒体环境里，信息的传导都是由上而下发生的。固有的渠道掌握了信息和内容的选择、编辑、分发的权力。用户只能被动地接受信息，用户选择信息的权力非常低。用户只能从官方的信息渠道（电视，报纸，杂志……）或者官方的商品渠道（商场，市场……等商业形态）去接受商品信息。而这种单向的，无差别的信息传播形式使得品牌的宣传和推广是一件成本高昂、效率低下、结果难以评估的行为。广告界流行的这句话说明了问题："我知道我的广告费至少有一半浪费了，但是我不知道是哪一半？"而在老帕看来，浪费一半都说少了，传统的广告投放形式能够有 30% 达到效果就很不错了。这种单向的、无差别的传播形式使得商品的宣传和推广无法面对目标用户进行投放，广告行为只能追求更大的覆盖面，更高的到达率。于是我们看到前些年，CCTV 新闻联播前后时段的广告一次又一次地刷出了天价。传统的广告投放只是一次性的推广行为，为了达到让用户熟悉的效果必须持续地进行多次投放。广告投放者无法获得用户的反馈，无法和用户进行对话和沟通，很难在推广中发现问题及时调整。投放者在很多的时候，只是在凭借经验猜测最终的投放效果。所以广告投放对很多的企业来说，就像在进行一场赌博，而他们能够掌握的唯一"筹码"只有覆盖量。正是这种成本高昂、效率低下、结果难以评估的推广方式，使得除了少数行业的品牌如高端白酒和保健品等，其他的商品品类很难在短时间达到品牌推广的效果。

这种高成本低效率的媒体环境，也使得行业利润处在正常水平的商品品类在进行广告投放时，不得不将诉求点集中在产品性能、质量、价格、售后服务等功能性要素上，以此来引发用户直接的购买欲望获得销售收入的提升。在这种功能性推广信息的长期引导下，用户心里自然形成了这样的品牌认知："这些品牌是一些有质量保证的产品。"除此以外再无任何概念。用户对这些品牌商品的心理价格定位就是简单的"商品功能 + 质量保证"。也许这么说很让人沮丧，但是在今天当我们提起海尔、TCL、格兰仕，联想这样的著名国产品牌，除了质量保证你还能想到什么？你能说出这些品牌具体有什么不同么？用户在购买此类商品时，会很自然地忽略他们的品牌，将他们归为同一种产品，在功能接近的情况下选择价格最低的那款产品。从这点上说，他们的产品依然是同质化的，他们的品牌只是帮助他们进入了更高一个级别的"完全竞争市场"。

第三章

追求"性价比"是在"刀尖上跳舞"

中国企业家是全世界最聪明的人。在过去几十年里，他们一直是在夹缝中寻找生存和发展的机遇。他们专注于产品，精明能干又具有冒险精神。他们也是最具有学习能力的人，很多国外厂家花很大代价才能解决的技术难题在他们的手里迅速地找到了低成本的解决方案。正是他们将"中国制造"的性价比做到了极致，让"Made in China"占领了全世界的市场。在老帕看来，他们一直是在"刀尖上跳舞"并获得了成功。但是在互联网环境下，他们所受到的冲击和挑战也是最严重的，在"刀尖上跳舞"的难度和风险越来越大。我们在上一章说过，在互联网的环境下，产品的功能和价格被集中展示，以往的信息不对称被完全打破，用户的搜索成本被大大降低。而电商平台的生存之道就是通过"性价比争夺流量"，这样的外部环境让传统企业原先大获成功的"性价比模式"基本上走到了尽头。

但是在这里，老帕强调两个观念，省得有人断章取义而胡说八道。

第一，我们所有的企业应该给用户提供更好的产品和服务。产品和服务的质量是商业模式的基础。没有这个基础任何商业模式都是水中花镜中月。

第二，在"刀尖上跳舞"并不是说这么做的企业一定会倒下。但是在互联网的环境下，信息越来越透明，这就使得继续采用追求"性价比"模式的企业所面临的风险越来越大，追求"性价比"给企业带来的优势会越来越小。现在的用户已经完全有能力、有意愿去为更好的消费体验去买单，而产品性能和价格在这样的体验里面所占的份额会越来越小。移动互联网带来的新变化，使得我们能够更加便捷地为目标用户提供更好的消费体验。

即使在传统的商业环境下，对"性价比"的追逐也是一件风险极高的行为。往往会让企业忘记提供产品和服务的初衷，将企业的眼界局限在固有的业务模式中，给自己套上致命的枷锁。不仅是中国的企业会面临这样的风险，世界 500 强甚至是 100 强的"巨无霸"们也有很多因为这样的原因而倒下。

"巨无霸"为什么会倒下?

对于"巨无霸"为什么会倒下的问题，有很多方向的评论和解读。大致的理解都在于：管理体制僵化、内耗过大、没有跟上技术的进步、忽视了市场和用户需求变化等方面的原因。但是老帕一直有几个疑问：

内部管理问题？在老帕的经验和理解里，"大企业病"是一个普遍存在的问题，是企业在发展过程中长期存在的问题。这些倒下的企业之前就没有内部管理的问题么？为什么他们在之前能够蓬勃发展，但是突然就轰然倒塌了呢？现在如日中天的企业就没有内部管理问题么？为什么现在有些企业内部管理问题更加严重，但是依旧发展得非常迅速？

技术落后问题？恰恰相反，很多倒下的"巨无霸"们在技术和研发上的投入都非常巨大，导致他们被毁灭的技术往往是在他们自己的实验室里被发明出来的。比如数码摄影技术于柯达、触摸屏技术于诺基亚。

用户需求问题？市场判断问题？作为行业内的领军企业，掌握了最前沿的技术和资讯。他们往往每年花费上亿美金作市场和用户的分析预测，获得世界上最顶尖的专家和咨询机构的报告。难道他们的领导人还不如我们这些行业外的普通人具有眼界，看不清行业发展的方向？

在老帕看来，这些原因都有道理但都不是最主要的原因。而真正的原因就是在于：

迷信"性价比"！

正是对于"性价比"的迷信，让这些企业在思想和行动上给自己捆上了枷锁，这种枷锁让企业在面对市场变化的时候，失去了变革的能力。

思想上的枷锁，忘记了提供产品和服务的初衷，忘记了自己成功的原因所在。忽视了用户选择现有模式背后的因素。迷信现有的运营模式，将希望寄托在大量复制原有的成功产品和服务模式，期望用更多、更完善的既有服务体系去获得用户的认可。用体量和覆盖率来达到提升"性价比"的目的。

行为上的枷锁，在生产经营的过程中，用精密的流程设计、严格的系统控制降低成本，来提升产品的"性价比"。通过让企业变成一台越来越精密的机器，让企业所有的人和经营环节都变成了一个个固定形状、环环相扣的零件。当市场处在"静态期"时这无疑是一个非常有价值的系统，系统带来的低成本能让企业始终保证竞争的优势。而当市场环境发生根本性变化，新技术更加迎合了用户的需求的时候，原有的体系优势变成了巨大的包袱，原有的高效率系统过于严密，无法实现局部的调整，成为了创新的"绊脚石"。

资本市场带来的短期业绩压力，使得 CEO 们在实际的经营过程中，只能将市场研究报告和新技术锁在抽屉里。要么是将希望寄托在提升现有服务模式上，选择性地忘记现有服务模式背后的用户需求，自欺欺人地去相信提升服务就能留住用户；要么是继续强化系统，拼命地压榨系统产生更高的价值，以此来冲抵市场变化带来的业绩下滑压力，期望能在自己的任期里面保持业绩的增长。而这样的经营思路使得系统的压力越来越大，直到有一天在市场和内部的双重压力下系统终于无法承受而崩溃。

这样突然崩溃的"巨无霸"在我们外人的眼里就变成了"不思进取，决策僵化，忽视用户"的失败案例。

柯达的失败是因为"反人性"？

——用户总是想立刻占有所有美好的事物，

一秒也不愿意等待！

柯达公司具有百多年的历史，可谓源远流长。

出生于 1854 年的乔治·伊士曼热衷摄影，为了使复杂的摄影过程变得简单，于 1880 年发明了干版配方，并由此建立了伊士曼柯达公司。

1889 年由伊士曼柯达公司完全自主研发的第一卷商业透明卷装胶片投入市场，之后推出折叠便携式柯达相机，该相机如今被视为现代卷装胶片相机的鼻祖。

1964 年，柯达立即自动相机上市，当年销售 750 万架，创下了照相机销量的世界最高纪录。

1966 年，柯达海外销售额达 21.5 亿美元，当时位于感光界第二的爱克发销量仅及它的 1/6。

1975 年，美国柯达实验室研发出了世界上第一台数码相机，可以说是全球数码相机的首创者。但由于担心胶卷销量受到影响，柯达一直未敢大力发展数码业务。

1990 年、1996 年，在品牌顾问公司排名的 10 大品牌中，柯达位居第 4，是感光界当之无愧的霸主。

2002 年底时，柯达的产品数字化率仅约为 25%，竞争对手富士已达到 60%。在这期间，柯达的决策者们依旧将重点放在传统胶片业务上。

2003 年，柯达最终选择了从传统影像业务向数码业务转型 2003 年 9 月，柯达宣布实施一项战略转变：放弃传统的胶卷业务，重心向新兴的数字产品转移。

此后几年，柯达为实现从传统影像向数码影像的战略转型目标，展开大规模的收购，在 2007 年前就斥资 25 亿美元巨资并购 6 家数码印刷巨头，还于 2006 年末将旗下的医疗影像部门以 23.5 亿美元出售给加拿大的投资公司。最终，柯达将业务定向为图文影像、消费数码影像和商业胶片三大体系，产品面向用户市场和商用市场。

2007 年 12 月，柯达决定实施第二次战略重组，这是一个时间长达 4 年、耗资 34 亿美元的庞大计划。这次重组过程中，柯达裁员 2.8 万人，裁员幅度高达 50%。此次重组目标还是将公司业务从传统的胶片业务转向数码产品。

2012 年 1 月 3 日，因平均收盘价连续 30 个交易日位于 1 美元以下，纽交所向柯达发出退市警告。2012 年 1 月 19 日早间柯达提交了破产保护申请，此前该公司筹集新资金进行业务转型的努力宣告失败。

2013 年 5 月，伊士曼－柯达公司正式提交退出破产保护的计划，2013 年 8 月 20 日，美国联邦破产法院批准美国柯达公司脱离破产保护、重组为一家小型数码影像公司的计划。

——百度百科柯达

柯达现在已完全走向没落。现如今柯达最大的价值也就剩下被当作经典失败案例，一次次地在各种文章、论文、书籍、评论中被提及。与老帕的老东家诺基亚并列作为僵化组织结构、漠视新科技带来的变化而毁灭公司的典型。老帕也不能免俗，还得把柯达拿出来抖抖灰继续说说。因为柯达这个案例太具有代表性了。是最典型的在思想上给自己套上枷锁的案例，是"用战术上的勤奋掩盖战略上的懒惰"的最佳案例。而这种战略上懒惰，战术上勤奋恰恰正是我们中国的企业家最容易犯的错误。

　　因为战略上懒惰，柯达忘记了提供产品和服务的初衷，主动地选择忽视用户人性对市场的影响。具有讽刺意义的是，在这一点上与柯达当年的成功原因恰恰是一致的。我们在上面的介绍里面可以看到从柯达创始人乔治·伊士曼先生开始，正是使复杂的摄影过程变得更加简单快捷，成就了当年的柯达在"胶卷时代"占据全球 2/3 份额的市场地位。柯达的每一次成功正是因为满足了用户对简单、快捷留存影像的需求，满足了用户希望占有所有美好的事物，留住每一刻美好时光的愿望。不同于追求高质量的专业摄影师和发烧友，对于大多数的用户来说，享受的是拍摄照片的过程，获得快乐的是按下快门的那个瞬间。这个瞬间满足了用户留住所有美好的时刻、收集所有美好事物的欲望。用户是最贪婪的，对于这样的快乐，用户的欲望是无穷尽的，用户希望能无限制地享受这样的过程。

　　可惜的是，一统天下之后的柯达忘记了历史上自己成功的原因，忽视了用户选择他们的产品和服务背后的人性因素，迷信原有的胶片、冲印的运营模式，自信地高估了纸质相片给用户带来的体验价值。正是这种对原有成功模式的迷信，让柯达盲目地认为，现有的模式为用户提供的满足和体验能够充抵新技术带来的便捷性。哪怕与用户期望有所差距，也可以通过提高原有服务模式的覆盖量来让用户得到满足；期望用现有服务系统的功能性的提升去获得用户持续的认可。但是，相对于数码相机的快捷和近乎无限制的拍摄能力，传统胶片、冲印的速度简直就像是在石器时代，用户迅速地抛弃这样落后的工具根本无需思考。

　　更可悲的是，在 2007 年柯达开始全面进入数码影像领域，意图重头来过，再展雄风的时候，智能手机已经开始侵占数码相机的市场了。用户不仅希望留住所有美好的时刻，收集所有美好事物，更希望能够将这种快乐的感觉迅速地分享出去，完成收集、分享、获得正面反馈的过程。依靠这种能够同时完成收集、分享快乐的感觉、获得正面反馈的功能，智能手机在大多数环境下实现了对数码相机功能的替代，数码相机已经不再是用户拍摄照片的第一选择。柯达又一次错判了人性，错判了市场方向。

诺基亚衰落的唯一秘密就在这张图里

关于老帕的老东家，蓝色巨人 NOKIA 衰落的原因有很多分析。主流的说法大概有那么几个。关于这几种说法，老帕都不是很认同。

1. 僵化官僚的企业管理层，丧失了危机意识？

恰恰相反，北欧恶劣的自然环境让芬兰人的危机意识无比的强。"硅谷的创业者，一开门等在面前的就是占全球 5 成的现成市场，而芬兰人一开门，却只能见到三寸雪。"1984 年，诺基亚移动（Nokia Mobira）首席执行官 J.o.Nieminen 说。曾多次濒临灭亡的诺基亚，一直不敢掉以轻心，诺基亚在冰天雪地里开始造纸行业，做橡胶轮胎，卫生纸与电视机，最后进入电信产业。1990 年代，诺基亚面临几乎破产、CEO 自杀的命运，最后依靠董事长约玛·欧里拉（Jorma Ollila）大刀阔斧卖掉与手机无关的事业，才得以存活。"芬兰人就是在寒冷的环境中成长，我们必须让自己不断适应以求生存。"约玛·欧里拉不只一次强调。

2. 技术落后？

诺基亚触摸屏技术的开发超过苹果和其他任何竞争对手。早在 2004 年，诺基亚内部就开发出成熟的触摸屏技术。

3. 缺乏战略眼光，错判了市场方向？

1990 年底，约玛·欧里拉就提出，移动电话就是把网络放在每个人口袋的产品概念；

1996 年，诺基亚推出智能手机概念机，比乔布斯的 iPhone 早了 10 年以上；

2007 年，诺基亚率先在全球推出移动应用商店 OVI，比苹果 App Store 早了 1 年；

2007 年 10 月，诺基亚以 81 亿美元收购地图供应商 Navteq，抢先提供地图服务。

4. 成本控制失效？新产品推出过慢？

诺基亚的成本控制能力，已成为经典成功教案。

"诺基亚 1616 型号手机已经成了在新兴市场的成功案例……，在供应链、采购与大量生产能力上的强化，让诺基亚能推出这款售价仅 32 美元的手机，与此同时，类似功能手机的平均售价，在美国与欧洲，分别是 206 美元与 238 美元。诺基亚能做到这点，靠的是高超的设计能力。"

——《哈佛商业评论一》〈新兴的诺基亚〉（Emerging Nokia）

在手机开发时间平均需要 1 年周期的时候，诺基亚就可以 1 年推出超过 50 款以上的机型。一款手机所需要用到的零件数约为三百个，需要储备 50 几种零件做备用。诺基亚销售 100 款手机，却只需要储备 500 种零件。而其他竞争者的备料量至少是它的 1.5 倍。这让诺基亚不仅可降低零件储备成本，也因为共用零件与研发生产平台，让诺基亚得以通过庞大的规模经济，降低采购和生产成本。诺基亚管理和拥有着几乎是全世界最复杂的供应链，诺基亚在最高峰的时期全球拥有 10 个以上生产基地，50 个战略合作伙伴。

诺基亚严密精确的销售管理体系，可以做到在同一时期，销售超过 100 种的机型。并且能够精确掌控到每一款机型在每一个零售终端的实时进销存数据，对每一款产品的销量作出准确预估。在这一点上，老帕当年是深有体会。

这样看来，诺基亚不仅不应该失败，还应该更加辉煌才对么？老帕是不是又开始忽悠了？

别急，让我们来看看这张图，老帕认为诺基亚失败的密码就在下面这张图片里面。乍一看，这两张图片没有什么太大的区别，老帕当年也没有意识到这里面意义的改变。但今天我们回头来看，当诺基亚把企业的核心价值观从 "Very Human Technology" 变成 "Connecting People" 的时候，她的衰落就已经不可避免。

"Very Human Technology" 翻译过来就是那句让我们最动心的词汇——"科技以人为本"。在这样的核心价值观下，诺基亚把自己定位为一家为用户服务的科技公司。这家科技公司致力于用科技的力量服务于人，将满足用户需求作为公司的目标，致力于为用户提供更好的科技体验。

而当这种价值观被 "Connecting People" "沟通你我" 所替换的时候，诺基亚的定位已经发生了根本的改变，从对用户的关注转变到了对产品的关注。诺基亚已经把自己定位于一家手机生产商，她的目标是致力于满足通讯产品的需求，最大程度上满足手机这种产品的市场需求。在这种战略思路的指导下、成本导向、追求高效率、提供性价比最好的手机产品成了她的核心目标。

正是由于北欧人坚韧不屈的精神，诺基亚将成本导向、追求高效率、追求性价比的目标达到了极致。这种追求成本与极致效率的态度让诺基亚成为了一台严密的机器，当方向正确的时候，诺基亚的高效率让所有竞争对手望尘莫及。在很长的一段时间里，诺基亚都保持了一种无可争议的 NO.1 市场地位。

但真正害死诺基亚的，也正是这种追求成本与极致效率的态度。这种高效率的成本控制理念伤害了诺基亚的自我修复能力，杀死了诺基亚应有的创新。让诺基亚在错误的方向上无法调整、越走越远。核心能力反而变成了诺基亚最大的核心障碍。

诺基亚其实在产品战略上就犯下了一次失误，错失了触摸屏智能手机的先机。诺基亚舍弃了触摸屏技术，就是因为原有的系统不愿接受新技术的高成本风险。以当时 iPhone 使用的触摸屏面板价格估计，一个手机至少要多花 10 美元的零件成本。对于年销售量 4 亿的诺基亚而言，这个还未被证实的市场新技术一旦是一种错误，有可能要花上 40 亿美元代价。在诺基亚以低端手机迅速占领全球市场的时候，这种新技术因其带来的高成本风险立刻被诺基亚的系统所否决。所以直到 iPhone 推出一年，市场需求非常明确之后，诺基亚才推出第一款触摸屏技术的手机。不愿早一点放弃已经落后的 Symbian 塞班操作系统的原因更是如此。使用塞班系统的中高端手机曾在市场占有将近 80% 的份额，是诺基亚最重要的利润来源。就是依赖于塞班系统成熟的软、硬件一体研发生产平台，诺基亚才能随时根据需要改变设计，快速低成本地推出各种中高端新产品。

"诺基亚真的有好多好的想法！"

"诺基亚拥有最庞大的研发资源，但是这几年却没能力将其化为战场上的武器。他们总说，这市场太小，没人要买，这花太多成本……"

"管理阶层他们杀掉了它！"

"管理的主管罩不住技术的。他关心 value（价值），他关心 figures（数字）他不关心产品。"——《Behind the screen》作者，在诺基亚工作 8 年的诺基亚智能手机 N60 前员工 Ari Hakkarainen

"诺基亚是个很追求高效率的公司，非常的成本导向（cost-driven）。这些都是它的优点，只是，走得太远了。（Goes too far）"芬兰经济研究所研究主管亚尔柯博士（Jyrki Ali Yrkk）

老帕在这里重提诺基亚不是为了怀旧，而是希望能再次给我们国内很多的生产型企业提个醒。生产出好产品是基本功，是必须的。但是把产品性价比作为唯一的目标和竞争手段就是在刀尖上跳舞。你可能会一直跳下去，但是你一次犯错误的机会也不会有，一次的错误就会毁灭你的所有。在移动互联网的今天，更是如此。

第四章

移动互联网时代的机遇与挑战

最好的创业时代！

老帕一直有一个观点：现在是最好的创业时代！经济的高速发展带给了我们巨大的市场空间；国家对基础建设的大力投入让商品的流通不再成为障碍；信息科技的发展让沟通无所不在；新的媒体形式和社交工具让我们能够精准地将内容传播到目标用户手中。无论你是梦想改变世界的年轻创业者，还是正在积极拥抱移动互联网的传统企业，现在都是最佳的创业时机。移动互联网时代的变革才刚刚开始，机会才刚刚出现。能够洞察这种变化，掌握变化背后的思维逻辑，打造出更先进的商业模式，我们就能把握住移动互联网时代的先机，成为新的颠覆者。

你的团队（员工）价值 RMB3000000000000 +

RMB3000000000000+

不用数了，老帕告诉你一共 12 个 0，就是 3 万个亿。2008 年全球金融危机的时候，温总理救市也就花了 4 万个亿而已。这是老帕在给企业和创业者作培训的时候经常使用的一张图片。不管是移动互联网创业者还是正在转型的传统企业，优秀的团队（员工）一定是最重要的事情。不过，你要是以为老帕在拍你们马屁，在赞美你们的团队有巨大的潜力，那你就真的想多了。一般来说，你的团队大概是这样的（见下图）：

　　但是，你可能没有意识到，还有一只超级团队在默默地为你工作。他们不仅一分钱工资不要，还自带设备、自筹资金，努力地为你解决营销中面临的各种问题；他们从不休息，致力于给你提供 7*24 小时不间断的专业服务，为你打造最好的营销环境。这只团队的身价超过了 3 万亿，堪称最优秀的员工，他们是："营业员老马""客服小马""搬运工强哥""促销员李大帅哥"。
　　呵呵，有人要说老帕又开始忽悠了。暂且不说腾讯和百度，在上一章里面，我们才说过电商平台如何通过极致地运用"性价比争夺流量"的商业模式，压榨平台上的经营者，成就自己。怎么现在又成了帮助我们成功的超级团队了？不要着急下定论，先听听老帕的理由，让我们看看这只超级富豪的团队到底给大家做了些什么，帮助我们解决了什么营销上的难题，就能理解为什么老帕会把他们定义为你最优秀的员工。

最委屈的"营业员老马"

在你这四大金刚员工里面，"营业员老马"资格最老、做的事情最多、阅历最丰富，但同时被骂也是最狠的。早年从义乌批发小商品摆地摊的经历让老马对低端零售业，尤其是小商贩这部分人群的心态有了充分的、深入的了解。分析清楚了"营业员老马"，基本上你就明白该怎么管理这几个身价一大堆零的"超级员工"了。

我们看看大家对老马都有些怎么样的评价，老帕在网上挑选了一些比较有代表性的给大伙分享一下。

"小商家将会全部死光，至少90%的淘宝小店将会死光，剩下10%的淘宝大商家出现绝对的超级价格战。恶性循环。"

"如果这样恶拼价格的商家，是自产自销，兴许还能保本，那些做经销商的卖家，则断然是亏本赚吆喝。"

"中间商被灭绝！最后，以致连厂家都不得不为了生存，靠恶拼价格，展开殊死的竞争。很多产品几乎变成了没有利润、而又不得不做的产品，这种自杀性的生产行为，是不可能持续下去的。"

"如今，淘宝网上的虚假繁荣，只不过是众多中国的制造业厂家临死前的回光反照而已。即便淘宝网上的商品，卖的大街小巷到处都是，如果没有制造产品的厂家从中获利，这样的营销模式是不可能持续下去的。一个产品卖的太便宜，将没有赢家。如果卖的多而又不赚钱的企业，无疑是给市场发出错误价格信号的缺德企业。"

"当所有的商家被摆在同一个平台上面时，就会出现竞争过于残酷的境地，角角落落里都是做淘宝网店的。淘宝就是利用人性的弱点和贪婪，把原本合理的行业搞成了恶性竞争，无休止的恶性竞争，最终影响整个中国的各个行业。"

——老帕摘录于网络，作者不详

这一刀刀捅的，老马简直都成为民族和国家的罪人了。当年批斗地主恶霸也就这样的程度了吧?

老马很委屈：怪我咯? 我给你干了那么多的活，天天加班。别说加班费了，工资都一分钱不给。都做成这样了，你经营不好，还要怪我啊? 是啊，看看老马都帮你做了什么。你还好意思骂老马么? 让我们来回顾淘宝网发展的几个重要时间节点，来看看营业员老马是怎么尽心尽力地为各位老板服务的。

"2003年5月10日，淘宝网成立，由阿里巴巴集团投资创办。"

为了解决你的产品销售问题，让全国、全世界的用户都能看到、买到你的产品。老马决定自己掏钱帮您建一个最大的商贸城，免费让你用。

"2003年10月推出第三方支付工具'支付宝'，以'担保交易模式'

使用户对淘宝网上的交易产生信任。"

为了解决交易中的信用问题，让用户和你都放心。老马主动找到公安局、银行，又自己掏钱帮你打造了一套信用、支付体系，还是免费让你用。

"2004 年，推出'淘宝旺旺'，将即时聊天工具和网络购物相联系起来。"

为了能让你第一时间与用户进行交流，快速回复用户的问题，提高你的成交量。老马又帮你建了个客服平台。还是免费用。

2008 年，淘宝 B2C 新平台淘宝商城（天猫前身）上线。

为了让你的产品能有一个更好的销售环境，老马打造了一个更高端的平台。

——百度百科淘宝网

老帕在前文里面说过，淘宝从本质上来说，商业模式与当年的"小商品城"、集贸市场是一致的。但是互联网技术的运用打破了信息的不对称。淘宝突破传统零售模式最大的壁垒，突破了物理和空间上的限制，这使得商品的供给者：

● 不再需要支付昂贵的店铺租金。这一点对于一些像是针线、纽扣之类，消费频率低、单位售价和利润空间较低的商品尤其重要。在传统的实体零售环境下，这种商品品类由于利润水平难以支撑相应的展示空间——租金，销售渠道非常受限制。而用户在购买此类商品时，需要为此支付高昂的搜寻成本，承担由店铺租金带来的过高商品溢价；

● 不需要再事先花费成本将商品从产地运输到流量入口所在的区域，物流费用产生在购买行为发生之后。这极大地降低了商品生产者的风险；

● 不再需要大量的商品储备，商品的供给者只需要将商品的相关信息展示给用户，而不需要将实体商品展示给用户，节省了产品的采购成本和仓储成本，降低了门槛；

● 去除了中间环节，将商品直接展示在用户面前。商品放在工厂的仓库里，就可以在第一时间被全世界的用户看到，中间环节的利润空间被生产者和用户分享，大家都能获得收益。

　　好用、免费、门槛又低，一些眼光敏锐的商家开始尝试这种最新的营销方法。不出所料，这些早期的尝试者获得了互联网技术带来的"流量红利"。

　　对于用户来说，大量的商品品类在平台上被集中展示。用户不再需要在交通上花费成本，不需要再为了配到一颗特殊的纽扣逛遍整个批发市场。用户的搜寻成本降到了"零"；用户能够第一时间对同类商品和商家进行比对，选到性价比最适合的产品，降低了购买成本。在解决了交易中的物流问题、信用问题、沟通问题之后，淘宝网的商业闭环形成。用户被大量吸引到新的平台上。

　　当这种新型营销工具带来的"流量红利"被广为流传时，商品经营者开始大量涌入，一时间各类人群都到老马的商贸城来开店铺了。所以我们看到在前些年，开淘宝店成了最流行的创业方式。

　　与此同时，这种新的模式最先冲击了传统的线下经营者们。他们掌握的"购销信息"不再是一种稀缺资源，他们失去了由"信息不对称"所带来的收益机会，首当其冲地被新模式所冲击。在电商平台的逼迫下，他们放弃线下昂贵的流量入口，将生意转移到看上去成本更低的线上平台。当大量的商家在平台上被聚集起来，大量的同类商品在平台上集中展示。这个时候，老马的"险恶用心"开始暴露出来了。老马完全了解用户对低价格永无止尽的心理需求。与"小商品城"的经营方式一样，为了保持和提高收益水平，淘宝必须获得更多的用户关注，获得更多的流量。由于线上销售环境的限制，无法标准化的产品让用户对性价比的判断只能更多地聚焦在产品的价格上。于是老马不断地开发各种工具，目的就是为了让用户第一时间就能对商品的性价比做出判断。

出生于江浙地区的老马充分了解中小企业过于追求性价比的经营状况，以及他们"赚快钱"的经营思路。当被挤压出的中间利润越来越无法满足用户的"低价"期望时，像"养蛊"一样，老马开始逼迫、诱导商家们不断地提供更低价格的商品。不断地将同类商品集中展示；用价格排序诱导用户比对同类商品价格，给商品经营者制造压力；用销量排序去标示用户对产品和经营者的信任度；用评价体系制约商家的经营行为，保证商品质量与性能。同时，不断地给经营者灌输"打造爆款"等经营理念。让商家的降价信息变成了淘宝与其他平台争夺流量的工具，将流量继续从竞争对手手中抢夺过来。再通过售卖广告位以及店铺租金（直通车）的形式去变现流量。企业家过于追求性价比的生产经营方式，用户追逐最低价格的欲望，当这两种现象在淘宝不停地推波助澜下，相互强化的时候，所有的经营者都陷入了无休止的恶性竞争，所有的经营者都好像是在参与一场"集体自我毁灭"的游戏。经营者为了求得生存不得不降价促销，而这种降价促销的行为继续拉低用户对同类商品价格的心理预期；每一次的降价促销行为都是在加速这个"集体自我毁灭"的实现。用户对"营业员老马"的感受就从一个兢兢业业、不计个人得失的好员工变成了一个地主恶霸、吸血鬼。在这个过程中，线下实体商业形态被进一步地颠覆和替代。其实，在淘宝出现之前，这种大规模的替代就已经在其他行业出现，当当网对线下实体书店的颠覆和替代应该是最早的代表案例。究其原因，书籍是最容易标准化的产品。用户最容易对其性价比进行判断，用户消费行为的转化毫无压力。就拿老帕自己来说，在当当上购买书籍都已经有 10 年的历史了。但是由于是在一个细分行业内发生，并没有引起大家的广泛关注，题外话就此略过。但这种替换和颠覆本质上是技术的升级带来的商业模式转变，就像当年温州商人替代国营商店，国美苏宁连锁卖场替代夫妻小店一样，是环境的变化带来的必然结果，无可厚非。

　　分析了那么多，到底有没有一种方式能够规避这样的恶性竞争，跳出这个"自我毁灭"的怪圈呢？能不能让老马老老实实地干活，不要再欺压用户呢？有的，至少老帕觉得是有而且机会很大。要不老帕说了那么多不是在讲废话么？不过先不要着急，让我们快速梳理一下那剩下的 3 位超级员工。

强哥、小马哥和李帅

　　"京东 JD.COM—专业的综合网上购物商城，销售超数万品牌、4020 万种商品，囊括家电、手机、电脑、母婴、服装等 13 大品类。秉承客户为先的理念，京东所售商品为正品行货、全国联保、机打发票。"

　　"京东（JD.com）是中国最大的自营式电商企业，2015 年第一季度在中国自营式 B2C 电商市场的占有率为 56.3%。"

——百度百科京东商城

　　看一下这几个关键词："正品行货"，"自营式电商"和"B2C"。基本上不用老帕多说了，只要是从头开始看老帕这本书的朋友马上就能判断出来，强哥扮演的角色就是国美、苏宁模式线上的复制者和替代者。这也完全可以理解，我们看一下强哥的经历就知道：

1998 年 6 月 18 日，在中关村创办京东公司，代理销售光磁产品，并担任总经理 。

2001 年，复制国美、苏宁的商业模式经营 IT 连锁店。

2003 年，京东商城的 IT 连锁店已经发展到十多家，但最后由于"非典"的到来而被迫歇业；之后，通过一年的时间开始尝试线上和线下相结合的模式经营产品。

2004 年，初涉足电子商务领域，创办"京东多媒体网"（京东商城的前身），并出任 CEO。

2005 年，刘强东下定决心关闭零售店面，转型为一家专业的电子商务公司 。

——百度百科刘强东

这么来说吧，强哥当年干的就是代理商加小经销商的买卖。也就是被国美、苏宁这样的大连锁机构，在本世纪初挤压得死去活来的那一种商业形态。这部分前文中有详细介绍，就不多说了。所以商业模式也非常类似，自营保证产品质量，集中采购、自建物流降低成本，低价吸引用户抢夺流量，靠价格差和出租广告位的形式获得利润。当然还有一种就是挤占上游资金，但是对比前辈们来说这一点京东已经做得非常好了。以此循环往复，横向、纵向的扩张。

也就是说，强哥不但帮你搭建平台，还帮你解决仓储、物流一系列问题，还付货款给你，当然价格上、账期上是要挤兑你一下的。行业特点，大家都是这么干的，强哥也不能免俗不是？

　　小马哥喜欢养企鹅，是个"话痨"。这个"话痨"和别人不太一样，他自己不喜欢说，但是就喜欢给别人创造说话机会。不管你是想悄悄地说还是大声地说、蒙着脸说还是露着脸说、自言自语还是一堆人喷、穿着衣服说还是不穿衣服说、逮谁给谁说还是只给闺蜜说、用文字说还是用语音说、拿手机说还是在电脑上说，实在没人说了，小马哥还变着法子给你找人说。你要是觉得说的不爽，小马哥马上找人加班给你解决问题。反正只要你说，小马哥就高兴，然后顺便卖点游戏币、道具、服装啥的。不管咋说，小马哥靠这"话痨"的本事也赚了好多个 0000000000 的钱。还有个叫小浪的也喜欢那么干，不过现在说不过小马哥一气之下跑去跟着老马卖小商品去了。

　　李大帅哥可不得了，那是万事通活字典，家里面养了一只大蜘蛛。别管你是想了解草履虫的多种分解形态还是最新的八卦传闻，李大帅哥都能立马给你翻出来。就是李大帅哥在回答问题的时候老是要先给你来几条广告。可以理解，养蜘蛛也是要花钱的不是。反正李大帅哥养蜘蛛也上市了，身价也是好多个 000000000 的。

　　百度蜘蛛，是百度搜索引擎的一个自动程序。它的作用是访问收集整理互联网上的网页、图片、视频等内容，然后分门别类建立索引数据库，使用户能在百度搜索引擎中搜索到您网站的网页、图片、视频等内容。

——百度百科百度蜘蛛

　　弄清楚这几位"超级员工"的商业逻辑，知道他们的生意背后的思维模式是怎么样的，我们才能对症下药地找到管理他们的办法，才能让这几位身价万亿的员工老老实实地听话干活。

　　梳理一下，淘宝、京东的商业模式就是为用户提供"高性价比的商品信息"，并以此来吸引用户的关注抢夺流量。看清楚啊，老帕说的是"高性价比的商品信息"而不是"高性价比的商品"。他们抢夺流量的工具就是你所提供的"商品信息"！对于互联网电商平台来说，他们所关注的是你能够提供的商品质量信息（品牌或者其他质量背书）、功能信息（商品介绍图文）、价格信息。交易平台其他功能的建设都是为了吸引商家入驻，为获得商品信息而服务的。通过吸引、逼迫商品经营者不断地提供这样的信息，以此来强化自身平台的"高性价比"标签吸引用户关注，产生流量，然后将产生出来的流量以广告位置的形式卖给不愿意降低价格的经营者获得收益。至于商品的供给者是谁，他们毫不关心。他们甚至在有意在弱化商品供给者的概念，他们希望你只是某类商品的供应者之一。当用户需要搜索某种商品的信息时，用户想到的是电商平台，而不是你这个具体的商品供应者。

百度的本质也是一样，利用互联网技术抓取整理信息，为用户提供信息搜索服务获得流量。将产生的流量以广告位置的形式出售给相关的经营者获得收益。

以 PC 为代表的互联网时代是流量经济的时代。在互联网环境下，世界是宏观的、扁平化的。互联网时代的用户是数据化的、商品化的、抽象化的。用户被抽取了消费属性，换算成了一个个流量点。互联网的革命性就在于对供给信息与需求作最高效的匹配（这个供给信息不仅仅指的是商品信息，内容同样是一种供给信息）。所以争夺流量，争夺"眼球"成为了互联网时代竞争最重要的特点。

互联网技术的运用打开了用户的"眼睛"。无数的信息随时可以被用户获得。对于电商、搜索平台来说，信息的贡献者是他们获得流量的资源（记住这点，非常重要）。他们在资金和技术上的巨额投入就是为了给用户提供最好的信息服务。不同的是电商平台是通过诱导、逼迫，搜索平台是通过抓取获得信息。当用户认可了他们的信息服务，打开电脑使用他们的平台搜索信息内容时，他们就获得了流量，并开始变现了这种流量。

使用电商和搜索平台提供的现成营销工具，足够简单便捷，会给企业的营销活动带来很大的便利。新的商业模式在开始的时候一定会给早期尝试者带来新技术的红利。但随着参与者的增加，红利也在慢慢消退。

我们没有必要去否定这种便利性，也没有必要因为害怕而不去使用这些新的营销工具。但如果我们只是依赖现成工具所带来的简单便捷，贪婪于继续享受这种红利，那一定会进入别人设计好的商业闭环，成为别人的盈利工具。所以一定要跳出别人的商业逻辑，用战略的角度看待整个商业环境，认清自己在商业模式中的角色，为自己寻求最好的解决方案。

知难行易还是知易行难？不好说，但是如果不做就只能继续在红海中互相厮杀，奉献自己、成就别人。所以老帕给大家的解决方案非常简单，就是：**只使用他们的免费服务，不花钱购买他们的广告位置！只做信息的贡献者，不做流量的购买者！**

哈哈！你是不是要说老帕又在忽悠了？说起来简单，做起来哪有那么容易？当然有办法了，要不老帕在这说了半天是为啥？痛批恶霸，回顾血泪史么？

老帕一直强调，经济、技术、社会环境在变化。发现变化带来的新机遇，找到最优化的方案解决问题就能够创造出一种颠覆性的新商业模式，而现在正是变化给我们带来机遇的时候。随着移动互联网时代的来临，新的、本质上的变革即将到来！跳出红海的机会已经出现！已经有人在尝试中获得了成功！而且，老帕已经总结出来了一些规律准备分享给你了。

移动互联网时代的变化与机遇

移动互联网时代我们的机遇来源于哪里？老帕认为机遇主要来源于这两个方面：

1. 以智能手机为代表的移动互联网相对于 PC 为代表的互联网是一次质的改变。用户的行为模式发生了本质的变化，这样的变化会给市场带来颠覆性的改变；

2. 移动互联网强化了长尾理论所描述的现象，将越来越多的尾部从头部中细分出来。而这细分出来的尾部带来了无数新的创业机会。

相对于 PC 为代表的互联网时代，以智能手机为代表的移动互联网时代到底发生了什么改变？移动互联网仅仅是互联网的升级？

恰恰相反，在老帕的定义里，PC 时代是对传统商业模式的升级换代，而移动互联网时代才是商业模式一次真正颠覆性的变革。如果我们仅仅将移动互联网理解为"移动的互联网"，只是把眼光放在技术演进带来的实时沟通、LBS 定位等功能上就大错特错了。虽然从技术上理解，这种变化只是将互联网从 PC 机上搬到了移动智能终端上，并不能算是一个重大的技术进步。但就是这个简单的搬移让信息内容的产生和传播方式发生了根本性的变化，并且完全改变了用户的行为模式。让在 PC 时代的"量变"变成了"质变"！

在移动互联网的环境下，世界变成了微观的，是一个个突出的点的集合，这一个个点就是各种不同价值观的人群。移动互联网时代的用户回归了社会人的本质，是社会化的、人性化的、具象化的细分人群。所以社交化是移动互联网时代的特点，如何激发目标用户表达欲望，让目标人群深度参与，形成价值观相近、行为统一的社群是移动互联网时代的竞争特点。

　　我们说过，在传统时代固有的媒体渠道掌握了信息和内容的选择、编辑、分发的权力，信息的传导都是由上而下发生的。这种单向的，无差别的信息传播形式使得商品的宣传和推广无法面对目标用户进行投放，广告行为只能追求更大的覆盖面、更高的到达率。广告投放者无法获得用户的反馈，无法和用户进行对话和沟通。广告投放只能是一次性的推广行为，为了达到让用户熟悉的效果必须持续地进行多次投放。投放者更是凭借经验在猜测商业推广有可能达到的效果，很难在推广中发现问题及时调整。广告投放对很多的企业来说，就像在进行一场赌博，而他们能够掌握的唯一"筹码"只有覆盖量。正是这种成本高昂、效率低下、结果难以评估的推广方式限制了国产品牌的成长和发展，让商品生产者一直在"性价比"的红海里挣扎厮杀。

　　在互联网时代，电脑技术的进步让大量的信息被长期存储，用户有机会主动搜寻信息，能选择接受信息的渠道（门户网站，搜索引擎，电商平台……），用户"眼睛"的功能被升级了，被无限放大了，用户有机会看到"所有的信息"。但用户的时间和注意力是有限的，什么信息能够被用户看到成了最重要的问题。所以在互联网时代，获得用户的注意力成为最主要争夺流量的手段。所以互联网经济模式也被称之为"眼球经济""注意力经济"。能够吸引用户"眼睛"的淘宝，将"信息"与用户"眼睛"进行匹配的百度成为了这种商业模式的成功者。但此时，信息和内容的选择、编辑、分发的权力还是掌握在上游手中，信息单向传递的方式并没有发生本质的变化。

　　而到了移动互联网时代，情况发生了根本性的变化。信息的传导变成了纵横交错的形式，技术的发展让用户获得了生产、选择、编辑、分发信息内容的权力。用户制造、传播内容，表达情绪的欲望被释放出来。微信、微博和其他的种种社交媒体工具、智能手机和 PAD 等智能移动终端，让用户的情绪能够随时随地传播出去。也就是说，在移动互联网时代用户"嘴"的功能被升级了，被无限放大了，用户能够随时随地去说些什么。这种变化，就是老帕所认为移动互联网时代的本质变化。这种变化在商业上的表现就是，用户更愿意依靠社交网络中朋友的推荐来了解和选择商品与服务，也能够很便捷地将他们所喜爱内容、商品和服务推荐给社交网络中的朋友。新商业模式的机会就来源于这个重要的变化。

但是，老帕并不想把这种新出现的机会定义为"嘴巴经济"或者"大嘴巴经济"，并不是因为这种叫法不好听，而是因为这样会让我们只关注于现象，只关注移动互联网带来的用户行为变化，而忽略了这种现象背后的用户心理需求。在老帕的理解中，"看"和"说"这两种用户行为具有本质的不同。用户可以因为好奇、学习、打发时间等种种目的去"看"。但是只有当用户产生了情绪反应，并且这种情绪反应达到一定强度以后，才会引发用户"说"的欲望。而情绪反应的强度也决定了用户"说"的方式和内容。

举一个生活当中简单的例子，假设你在上班的途中被一个莽撞的家伙撞了一下，你一般会抱怨一句："怎么走的，不看路啊！"但是，如果这个家伙毫不理会你，不管不顾地继续往前走，你的情绪开始升级了，你有可能就会说出"傻 X"之类更具有攻击性的语言。如果这个家伙这时转过头来开始和你争吵，被他的话语所刺激，你的情绪反应越来越大，于是一场激励的争吵就开始了。各种激烈的话语源源不断地从你的嘴里说出来，冲突越来越大，你们俩被警察同志带到了派出所进行批评教育。这个时候，如果你发现警察居然是这个家伙的表哥，他被很快释放，而你被警察拘留了 7 天。在被放出来了以后，你的情绪简直达到了爆发的边缘，你恨不得把受到的委屈向全世界宣扬。你写文字、发照片、拍视频，通过微信、微博等各种你能想到的媒体去控诉他们、谴责他们，宣泄你愤怒的情绪。

　　这就是一个情绪强度变化，带来表达方式和内容变化的过程。所以用户"说"什么，怎么"说"是和情绪反应的强度直接相关的。尤其在移动互联网的环境下，信息呈现过度饱和的状态。"看"是一种免费的信息消费行为，用户不需要为这样的消费行为付出额外成本，但"说"是一种信息内容的生产过程，不论是转发、点赞还是评论，用户都需要在这样的内容生产过程投入额外的成本（不仅仅金钱投入是成本，用户的时间、精力都是成本）。只有达到了一定的情绪强度，用户才会有意愿去支付这种额外的成本。同时，在这个例子中我们也可以看到，在双方"说"的过程中，情绪的强度被不断地提高。"说"这样一种用户行为，不仅是情绪反应的结果，同时还是情绪反应的促进剂。所以在移动互联网时代，"情绪"取代了注意力成为了最重要的资源。而洞察用户为什么会产生情绪反应，怎样设计流程去引导用户产生我们所需要的情绪反应，怎么去转化用户的情绪反应就构成了我们"情绪思维"的商业模式。

　　虽然这种"情绪反应"激发用户表达的现象在互联网时代就已经出现了，但是因为技术的限制，承担用户阅读信息的主要工具PC和承担用户社交的主要工具手机在物理上是被隔离开的。这种物理上的区隔切断了用户"阅读信息——产生情绪——表达意见"的过程。由于这样的条件限制，在互联网时代大多数的用户并不会将情绪反应转变成信息的内容去分发和传播。PC更大程度上还是工作和娱乐的工具，而无法成为主流的社交工具。用户在互联网时代更多是搜索和接收信息内容，并不是生产和传播信息内容。所以QQ、BBS并没有成为一种主流的社交工具，博客、天涯、豆瓣一直无法成为主流的媒体渠道。大多数用户并没有养成在网上表达自己意见的使用习惯。

　　同样是因为这种隔离，用户难以将在PC上看到的内容分享到他的社交网络里。即便如此，在功能手机的时代，我们依然看到信息内容在用户社交圈里的再次传播行为。只不过由于条件限制，各种各样的段子短信成了用户在自己社交圈里面传播的主要内容信息。

虽然用户随时都会受到各种信息的刺激，这种刺激也会使得用户产生各种各样的情绪反应，这些情绪反应也达到了诱发用户表达的强度，但是由于没有合适的工具，用户无法做到随时随地表达和发表意见，用户无法将情绪立刻表达出来。一段时间以后，用户的注意力被其他事情所吸引，情绪的强度被降低，用户大多数的表达欲望被自然地化解了。

但即便条件限制如此之多，一旦用户的情绪反应达到足够的强度，用户的自传播依然表现出了强大力量。最明显的案例就是在 PC 时代以"审丑"为手段炒作出来的"芙蓉姐姐""凤姐"等网络红人，就是以诱导用户的负面情绪反应，激发用户"吐槽""骂人"的欲望，借此达到传播效果。

从商业上说，下面这个案例老帕认为很有意思，即使在今天都具有代表性，非常值得我们借鉴。

2006 年年中，上海地铁站出现了 12 幅大众 Polo 汽车发布的系列广告。Polo 的目标用户是城市的年轻白领，在地铁中做广告也是希望能够成为年轻人的第一辆车。但是不知道哪个脑抽的广告公司做的策划方案，为了在最短时间赢得用户注意，在广告中选择了攻击性的画面语言，例如"有人闷在地下室等地铁，有人开着 POLO 劲取，走自己想走的路……""明天继续挤地铁？还是开着 POLO 劲取，在众人羡慕的眼光中扬长而去……"等。这些自以为幽默又具有冲击力的广告语，忽视了用户的心理和情感，广告词中带有挑衅的语气让经常乘坐地铁的年轻用户非常反感，激发了用户强烈的负面情绪，被理解为"有车族的炫耀和对地铁族的侮辱"，被大量网友在网上攻击，使 Polo 陷入"以争取地铁族潜在客户为初衷，却反被地铁族痛恨"的泥潭。尽管为了平息事件，上海大众迅速撤换掉有争议的地铁广告。但是为时已晚，被撤掉的广告仍然在网上传播，所以掀起了地铁族更勇猛的反击狂潮。城市年轻人群情激愤，展开了"网络大反攻"。两三周后，这个被称之为"申城地铁族大反击"事件，从上海扩散到广州南方等城市，参与恶搞的网友，甚至把 Polo 与"二奶"联系起来。大大打击了 Polo 的品牌形象。

"Polo 广告事件"，反映了在传统的媒体环境下，媒体人那种高高在上的思维模式与互联网时代的格格不入。这次事件，是在互联网时代用户自传播力量的一次体现。让社会意识到，互联网时代的用户不再是"沉默的大多数"，用户开始有能力影响、甚至扭转信息传播的内容和方式。让传统媒体开始认识到互联网带来的传播方式的改变，带来与用户交流方式的改变，预示着传统媒体和社交媒体在话语权上开始出现转变。

而移动智能终端和随之而来的大量社交 APP，让这种改变成了一次真正的"质变"。结合了内容阅读功能和社交功能的智能手机完美地衔接了"阅读内容——产生情绪——表达意见"的过程。让用户能够随时随地地将自己被内容所激发的情绪反应表达出来，将引发情绪反应作为信息内容再次分享到自己的社交网络里。

同时，智能手机的出现带来了"碎片化"阅读习惯，让用户能够在任何时候、任何场合，短时间、多频次、多间断地获得信息。用户每天通过智能手机获取信息，在各个生活的间隙获取信息，在等公交车、吃饭、上厕所、坐地铁时用手机阅读信息内容。信息量如此之多，获取信息的方式又如此便捷，以至于用户必须快速地对信息进行筛选，第一时间就要对内容作出反应。而这种碎片化的阅读又会被随时打断、随时延续，导致用户的阅读习惯越来越碎片化。有科学实验证明，碎片化会使人产生"多任务"错觉。一边发微信一边处理手上工作，一边开车一边打电话，让人觉得自己可以同时处理多项任务的。但是科学家们已经反复证明了，人脑其实并不能真正地同时处理多项任务，只是在不同的任务之间来回切换。科学家的一些初步研究证实了处于这种多任务切换状态的人，其智商的下降比吸大麻还厉害。这就导致用户在进行"碎片化"阅读时，越来越没有耐心，用户的反应也越容易被情绪所影响，而不是在详细思考后再作决定。这就使得用户的行为模式发生了很大的改变，表现出以下几个特点：

● 去中心化：用户掌握了内容产生和传播的主动权，每个人都能就某个问题发表自己的言论；

● 易被影响：在新的媒体环境下，用户的价值观极易受到朋友价值观的影响。相比原有的官方渠道、媒体、学者、官员等，用户更愿意依靠社交网络中的朋友推荐，来了解和选择信息；

● 快速筛选：用户获得信息的途径越来越多，用户需求从如何获取"丰富信息"转向快速获取"有效信息"。只有能迅速引起用户阅读欲望的内容才会被打开；

● 注意力更加分散：多频次、多间断的阅读让用户的注意力更加碎片化，用户的关注点马上会被新的信息和内容所替代。所以必须在第一时间内就让用户对内容作出有效反应；

● 内容简单化：阅读环境的碎片化让用户更倾向获得简单的内容而不愿意花更多的精力去仔细阅读思考；

● 迅速激化：内容更容易激发用户的情绪，用户更容易就某种情绪快速作出反应，而不是深思熟虑后再采取行动；

● 自发传播：用户就感兴趣的内容快速进行二次的转发和传播更加便捷容易。按照产生情绪的强烈程度分为 转发＋评论＞评论＞点赞＞漠视（不做任何后续动作）＞无视（根本就不打开内容）；

● 多社群化：用户被越来越多的纬度分割成成不同的群体。年龄、教育、收入等传统的纬度已不能完全描述用户群体，态度观念、生活方式的不同成为更加重要的指标。

所以，在移动互联网的时代，虽然技术上并没有发生重大的进步。但是，智能终端的出现和普及，使得用户的行为模式发生了重大变化。用户随时随地都会从移动终端上接受到各种碎片化信息内容，在受到信息的刺激后用户被激发出各种情绪反应，这种情绪又会被用户编写成为信息内容，再次通过社交媒体和社交平台被分享出去。用户行为模式的变化为我们带来了创新的机会。如何利用这种变化，引导用户产生情绪，激发用户自传播，变现用户的情绪就构成了新的商业模式，这种商业模式的背后的思维逻辑就是我们的——**情绪思维**

长尾现象在加速强化

更长的尾部意味着更短的头部，头部在快速分化。

克里斯·安德森（Chris Anderson）的"长尾理论"认为，传统意义上的主流商品是一个坚硬的头部，而海量的、零散而无序的个性化需求则形成了一条长而细的尾巴。长尾上的个性化需求累加起来，就会形成一个比主流商品还要大的市场。由于移动互联网时代出现的新变化，这种长尾现象正在快速地强化。

这种长尾首先就表现为信息内容的长尾化。

在移动互联网时代人们的生活更加"碎片化"，用户的注意力更加分散，使得用户对公众话题的关注方式发生了转变。智能终端（智能手机、PAD、电脑）的普及使内容的快速、低成本生产得以实现。各种即时通讯工具和社交媒体的出现使得内容的快速、低成本传播得以实现。用户的个性化需求和感受得到了前所未有的凸显和关注机会，以往被"坚硬的头部'压抑或者被掩盖的个体价值观形成了越来越多、越来越长的"细的尾部"。

表现在传播方式上就是自媒体和新媒体渠道飞速的发展。虽然现今的自媒体有很多不足之处，也有很多对自媒体唱衰的评论。但在老帕的眼里，这是新生事物必然要经历的快速发展，然后淘汰升级的过程。新的媒体形式取代传统媒体占据主导地位的趋势是毋庸置疑的，也是很快就会到来的。

自媒体之所以爆发出如此大的能量和对传统媒体有如此大的威慑力，从根本上说取决于其传播主体的多样化、平民化和普泛化。

其一，多样化。自媒体的传播主体来自各行各业，这相对于传统媒体从业人员单个行业的知晓能力来说，可以说是覆盖面更广。在一定程度上，他们对于新闻事件的综合把握可以更具体、更清楚、更切合实际，位于"尾部"的他们的专业水准并不比位于"头部"的媒体从业人员差，甚至还更有优势。在华南虎事件中，位于"尾部"的动物学、植物学专家以及非政府组织、摄像家以及图片处理专业人士等都在揭发假华南虎的过程中发挥了重要作用。他们或从老虎的体态出发，或从老虎周围的植被出发，利用各自的专业知识，做出了详细的技术论证。

其二，平民化。自媒体的传播主体来自社会底层，自媒体的传播者因此被定义为"草根阶层"。这些业余的新闻爱好者相对于传统媒体的从业人员来说体现出更强烈的无功利性，他们的参与带有更少的预设立场和偏见，他们对新闻事件的判断往往更客观、公正。

其三，普泛化。自媒体最重要的作用是：它授话语权给草根阶层，给普通民众，它张扬自我、助力个性成长，铸就个体价值，体现了民意。这种普泛化的特点使"自我声音"的表达愈来愈成为一种趋势。然而伴随着自媒体主体的普泛化程度的日益提高，这条"尾巴"的力量愈来愈积聚成长。

自媒体的内容构成也很特别，没有既定的核心，想到什么就写什么，只要觉得有价值的东西就分享出来，有时还会分享一些出格的观点，不需要考虑太多看官的感受，所以看一些优秀的自媒体文章就像看野史一样十分独特有趣，他们给看官们留下的印象是自媒体的个性。

——百度百科自媒体

而在商业上，表现为更多的小众商品、小众品牌的出现，更多个性化的需求在网络平台上得到满足。同时，细分人群越来越容易在互联网上聚集起来，细分市场的规模和数量在快速地扩大，快速地侵占头部市场的份额。

"搜索引擎把低成本的产品和少量可能的无限需求迅速连接起来，使需求曲线向尾部移动。"

　　"随着网络传播和零售的兴起，安德森认为用户正进入一个丰饶的世界，引起用户注意的应当是需求曲线中那条长长的尾部，长尾末端的需求量仍然不是零。什么样的产品都有人买。而且真正让人吃惊的是长尾的可怕规模。"

　　"大多数成功的网络企业正在以这样或那样的方式利用长尾，这些企业不仅仅扩展了现有市场，更重要的是，他们还发现了崭新的市场，传统的实体销售商力所不能及的那些新市场的规模远比人们想象的大。"

　　"长尾企业真正把用户看作有血有肉的人，有了它们的大规模定制化系统，用户就不必再屈就于千篇一律的大众化商品。"

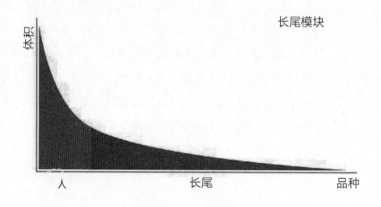

　　"安德森的长尾理论虽然来源于对媒体娱乐产业的分析，但长尾理论可谓无处不在，决不止于这些领域，现在的丰饶时代用户已经能以合乎经济效益的方式把各式各样的商品提供给用户。"

——百度百科长尾理论

　　老帕认为传统的长尾理论还不足以形象地描述现在的市场状况，"长尾"

这个词有的时候会给我们带来一些误导。章鱼或者绳结的形象可能更便于我们去理解现在的市场状况。

"微商"这种商业模式的出现更需要我们关注和深思。在这里强调一下，老帕所说的"微商"绝不是目前的分销型"微商"形式。老帕眼里有价值的微商，是那些非主流的，仅仅以个人名义作为买手的朋友圈微商。她们基于对目标用户的了解，通过货品辨别、价格的判断，在适当的时机敏锐出手，或者在商品促销时去某个品牌的最便宜的专卖店去采购，以低廉的价格购买他们认为适合的特色商品，然后在朋友圈加价出售，赚取一定利润。虽然他们的经营行为还不能称之为一种商业模式，但在其中我们已经能够看到两个重要的特点：

1. 去中心化的电商形态。由个人实现商品的分享、熟人推荐与朋友圈展示等。分享商品链接到朋友圈、微博、等社会化媒体上。

2. 营销模式基于社交原点出发，通过熟人关系链实现口碑传播，通过该链接进行交易。

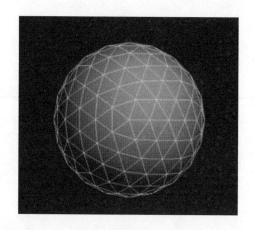

　　这两个特点的结合，使得自传播与营销结合在了一起，使得社交与营销结合在了一起。虽然还处在非常早期的摸索阶段，但是这两个特点使得这种模式契合了移动互联网带来的"碎片化"以及"长尾深化的"的趋势，也更符合老帕心目中移动互联网时代营销体系的终极形态——立体网状结构。而我们看到的小米手机在营销推广时所采用的邀请码形式，也可以理解为这种营销模式的一次成功的商业化尝试。

　　"自媒体"传播和新型"微商"模式的结合，将是下一个阶段的趋势。无论我们是否已准备好迎接，这样的时代已经来临，并将发展成为不可逆转的大趋势。

　　传统的互联网平台已经给我们创造了极大的便利条件。淘宝、京东这样的电商平台为用我们解决了商品的展示、销售和物流问题；百度等搜索工具让我们能在最短的时间里面找到并了解用户。中国强大的工业生产体系让我们能为产品和创意迅速找到最合适的代工厂家；还有国家对创新创业越来越大的支持力度。生产、销售、传播渠道无比通畅，机会不断涌现，政策宽松支持，还有比这个更好的时代么？

　　正如老帕在文章一开始所提到的，在每一个商业阶段都有一种占主导地位的商业模式。这样的商业模式在一段时间内，都占据着一种巨无霸的商业地位。他们无论从体量上还是利润规模上都是市场的龙头老大。市场是最现实也是最残酷的。当新的技术带来用户行为模式的变化时，必然会产生新的商业模式去适应这种变化，新的商业模式符合用户的需求，动摇了旧模式的根基，给整个市场带来了颠覆性的变化。而现在，正是这种变革即将出现的时候，移动互联网技术给我们带来了新的机会。微信、微博、QQ 和其他的社交工具，让用户和用户之间的沟通交流不再有障碍；微信公众号、今日头条等自媒体平台让用户能够自主的生产内容、传播内容。移动智能硬件等新技术的发展不断带来更多的机会！

　　而你所要做的就是：掌握这种变化的本质，用新的思维模式武装自己，建立新的商业模式去获得用户和市场。但是，新的模式和方法不是简单的"一招鲜""一贴灵"，是思维模式的整体颠覆！最先需要被抛弃的就是我们以前赖以生存和发展的模仿、拷贝经营模式以及赚快钱的思维逻辑，是战略思想的改变！是一种思维模式的再造！是一场"涅槃重生"的过程！你真的做好准备了吗？

　　正如雷军先生在《参与感》中的那句话："不要用战术上的勤奋掩盖战略上的懒惰。"因为在移动互联网的时代，简单的模仿和改进已经不再具有生存的空间。"性价比"所代表的产品思维模式已经彻底走到了尽头！我们即将进入——**"情绪思维"**的时代！

第五章

重新理解用户与市场

　　要想把握移动互联网时代"情绪思维"的本质，我们需要重新认识用户与市场需求。我们不能再将用户看作是一个经济学上的"理性人"，一群面目模糊的"消费者"，而应该回归用户的本质，回归用户是一个有血有肉、有思想有情绪的"人"的本质。不能再简单地将用户的购买行为理解成追逐性价比的消费过程，应该从心理学的角度上去理解需求背后潜藏的用户情感需求，去洞察用户的情绪转变过程，这种情绪的变化是怎么让用户获得了心理满足。从情感的角度上去理解用户是怎么形成了群体，这些群体的心理情感需求如何变成了新的市场需求。

我们都是"赛佛"

　　《黑客帝国》里的商业哲学。

　　"我唯一可以确定的事就是我自己思想的存在，因为当我怀疑其他时，我无法同时怀疑我本身的思想。"

——勒内·笛卡尔 《谈谈方法》

　　大家看过电影《黑客帝国》么？《黑客帝国》是老帕最为推崇的电影之一，是老帕认为最具哲学意味的电影，它快节奏的情节几乎每一个场景都包含着一个哲学难题。老帕不敢妄言说能看懂多少，10%？ 1%都不敢说。只能说，这部电影让老帕对很多问题有了新的观点和思路。关于这部电影，有太多太多可以讨论的地方，如果有机会我们可以找个星巴克好好地扯一扯。

　　今天我们只就里面的一个情节展开我们的话题。《黑客帝国》里面有一个场景是这样的，反抗者塞佛叛变之前，与网络警探史密斯在虚拟世界的餐馆里面有这样一段对话。

"You know …I know this steak doesn't exist.I know that when I put it in my mouth…the Matrix is telling my brain that it is…juicy…and delicious."

"我知道这块牛排并不存在。当我把它放到嘴里的时候，母体就会告诉我的大脑，这块牛排多汁而且美味。"

——电影《黑客帝国》台词

塞佛在矩阵世界里，明知道豪华的餐馆、高档的礼服、吃的牛排、喝的红酒都只是一串代码，感觉到的美味也是一串代码，但依然选择享受虚拟世界带来的幸福感觉，而放弃真实贫困的世界。在这段经典的台词中提出了一个比真实更加真实的问题：我们的幸福感到底来自哪里？真实的世界是否会给我们带来幸福？在影片中，9年的反叛者经历，让赛佛再也无法忍受真实世界中困苦的生活、巨大的生存压力，而宁愿选择返回母体中生活，去享受代码模拟出来的幸福。

"一切迄今我以为最接近于'真实'的东西都来自感觉和对感觉的传达。但是，我发现，这些东西常常欺骗我们。因此，唯一明智的是：再也不完全信眼睛所看到的东西。"

"我唯一可以确定的事就是我自己思想的存在，因为当我怀疑其他时，我无法同时怀疑我本身的思想。"

——勒内·笛卡尔 《谈谈方法》

"在一个地穴中有一批囚徒,他们自小呆在那里,被锁链束缚,不能转头,只能看面前洞壁上的影子。在他们后上方有一堆火,有一条横贯洞穴的小道;沿小道筑有一堵矮墙,如同木偶戏的屏风。人们扛着各种器具走过墙后的小道,而火光则把透出墙的器具投影到囚徒面前的洞壁上。囚徒自然地认为影子是惟一真实的事物。"

——帕拉图"洞穴之喻"

理解《黑客帝国》里关于真实的问题,可以参考笛卡尔"我思故我在"的哲学思想和帕拉图的"洞穴比喻"。有兴趣的朋友可以去阅读笛卡尔《谈谈方法》、帕拉图《理想国》或者启蒙主义相关的著作。老帕不敢过多的班门弄斧,只是简短地引用一些经典的理论来引出我们的话题。在现实的世界里面,用户的或者说我们自己的幸福感和不幸福感来源于哪里?

先不去猜测我们是不是都生活在"矩阵"的虚拟世界中,我们所有的感受是不是由电脑虚拟提供的。在老帕的理论里,"赛佛"代表了你、我这样绝大部分的普通人。外界环境刺激经由记忆和思想的反应,让我们在意识里面给自己设计了一个形象,构造了一个"我"的图像。这个"我"的图像与我们在现实世界中的真实身份有着或大或小的差距。在真实世界中,被动的外部刺激不停地在强化、弱化或者迫使我们重构这种形象。

自我认知(self-cognition)是对自己的洞察和理解,包括自我观察和自我评价。自我观察是指对自己的感知、思维和意向等方面的觉察;自我评价是指对自己的想法、期望、行为及人格特征的判断与评估,这是自我调节的重要条件。

个体对自我的觉察,或者说意识的形成来源于个体对外界环境刺激经由记忆和思想的反应。因此，在形成记忆之前的个体是不会有自我意识的。记忆是一切思想的基础，自我认识是个人在思想之上的对于环境的反应。当一个人的记忆和思想达到一定程度过后，比如出现了完全来自大脑的思维和想象力，个体的自我意识会更加强烈。这个我存在，我占有，我需要，我想的思想不断地经过思维和想象力加强个体对自我的认知，直到个体有机生命体的结束。故自我认知从大脑的记忆力开始起直到记忆力的消失，都是一个不断发展的过程。个体对于自我的存在，行为和心理的认知会有一个发展过程。刚开始是比较模糊的，所以小孩子会让经常出于好奇心而做一些危险的行为和事情。这个时候他们的自我意识是比较朦胧的。在经过不断地试错和加深记忆以及思考学习后，对于自我肌体的存在就渐渐成熟。随后才会对自己的行为有意识，会区分那些危险和安全的行为，然后决定是否要做。最后才是对于自我心理的认知。一般来说，这需要一个人的思维和想象力达到一定程度后才会具备这种察觉自我心理变化的能力。个体开始区分个人肌体行为和心理行为的差异是自我心理认知的开始。

　　认识自我，实事求是地评价自己，是自我调节和人格完善的重要前提。

——百度百科"自我认知"

　　我们所有的主动行为、有意识的行为都是在强化这种"我"的形象。我们通过努力让自己离这个形象更近，这就是为了实现理想而奋斗的过程。

　　但很悲催的是，我们绝大部分的人都很难做到实事求是地评价自己。我们对自己的评价在大多数的时候是远远高于现实世界中我们自己的实际地位，这种高估导致了外界环境的刺激对这个"我"的影响是以弱化、损害为主。这种对"我"的损害造成了我们的不安全、不快乐。外界的刺激逼迫我们去承认自我形象的设计和想象是错误的，是不真实的。而我们的"理智"

在告诉我们自己这些刺激是正确的，逼迫我们去承认自己的失败。这种被逼迫不得不承认失败，导致了挫折感和失落感的产生，摧毁了我们的幸福感。

一些有大智慧的人通过拷问内心，认清自我来向内寻求"我"是谁的答案，达到身心的一致，达到更高层次的心灵平衡。而这种向内寻求答案的过程是艰难而漫长的，像你我这样大多数的凡夫俗子是很难做到的。

所以我们就选择了更为简单、直接的途径，向外部寻求解决办法。我们主动地去寻求使用一些外部的"工具"来帮助我们去强化"我"、补充图片中缺失的像素。消费行为就是这种"工具"使用最典型的体现。有意识的商家帮助我们设计好了与心目中的"我"接近的图片、场景和其他信息。而我们主动地使用我们大脑的"抠图"功能，将自己替代到那些图片和场景之中，对自己进行自我催眠，迅速实现自我形象的丰满统一甚至是提升，迅速获得满足感、成就感、幸福感。能够让自己的世界不至于马上崩溃，让外界刺激给我们带来的压力快速得到缓解。

人性是懒惰的，我们总是在逃避困难寻求便捷。哪怕我们自己的理智告诉我们这种丰满和统一，这种满足、安全和幸福感是虚拟的、是暂时的。但这种幸福、快乐的获得是那么的简单、那么的便捷。这种短暂的满足让我们一次次地逃避对自我形象的真实认知，一次次地推迟我们主动地重构自我形象，造成了"我"与现实世界中越来越大的距离。我们也越来越频繁地去搜寻能给我们带来迅速快乐的"工具"，频繁地依赖"抠图"所带来的快感。哪怕我们察觉到了商家的意图，我们也会下意识地去漠视这点，用各种理由说服自己去享受这种快餐式的幸福感。

小米

三个爸爸

Roseonly

　　在后面的章节内容里，小米案例中的科技宅男，三个爸爸案例中的都市年轻父母，Roseonly 案例中的都市白领女性，都或多或少地具有这样的特点，都不同程度地消费了这样的图片信息，在自我催眠中获得了快乐。

　　在这点上，我们都是"赛佛"。我们宁愿享受代码模拟出来的幸福而不愿面对真实的世界，唯一的不同在于只不过这些"代码"是我们主动复制和黏贴过来的。

理解"用户"的正确"姿势"

　　在移动互联网时代我们的用户到底是谁？他们是什么样的？他们为什么

会产生情绪？情绪又是怎么转化成消费的？在回答这些问题之前，让我们先从经典的心理学上了解一下"我"的定义：

本我、自我与超我是由精神分析学家弗洛伊德之结构理论所提出的精神的三大部分。1923 年，弗洛伊德提出相关概念，以解释意识和潜意识的形成和相互关系。"本我"（完全潜意识）代表欲望，受意识遏抑；"自我"（大部分有意识）负责处理现实世界的事情；"超我"（部分有意识）是良知或内在的道德判断。

本我（英文：id）是在潜意识形态下的思想，（拉丁字为"it"，原德文字则为"Es"）代表思绪的原始程序——人最为原始的、属满足本能冲动的欲望，如饥饿、生气、性欲等；此字为弗洛伊德根据乔治·果代克（Georg Groddeck）的作品所建。本我为与生俱来的，亦为人格结构的基础，日后自我及超我即是以本我为基础而发展。本我只遵循一个原则——享乐原则（pleasure principle），意为追求个体的生物性需求如食物的饱足与性欲的满足，以及避免痛苦。弗洛伊德认为，享乐原则的影响最大化是在人的婴幼儿时期，也是本我思想表现最突出的时候。

自我（英文：ego），心理学上的自我是许多心理学学派所建构的关键概念，虽然各派的用法不尽相同，但大致上共通是指个人有意识的部分。自我是人格的心理组成部分。这里，现实原则暂时中止了快乐原则。由此，个体学会区分心灵中的思想与围绕着个体的外在世界的思想。自我在自身和其环境中进行调节。弗洛伊德认为自我是人格的执行者。另一易混淆的概念是自性（self），则包括无意识。心理学上关于自我的研究的方法上十分复杂，并常牵涉哲学中的形而上学。

超我（英文：super-ego），超我是人格结构中的管制者，由完美原则支配，属于人格结构中的道德部分。在弗洛伊德的学说中，超我是父亲形象与文化规范的符号内化，由于对客体的冲突，超我倾向于站在"本我"的原始渴望的反对立场，而对"自我"带有侵略性。本我，自我，超我构成了人的完整的人格。人的一切心理活动都可以从他们之间的联系中得到合理的解释，自我是永久存在的，而超我和本我又几乎是永久对立的，为了协调本我和超我之间的矛盾，自我需要进行调节。若个人承受的来自本我、超我和外界压力过大而产生焦虑时，自我就会帮助启动防御机制。防御机制有压抑、否认、退行、抵消、投射、升华等。

——搜狗百科"本我、自我与超我"

　　但是老帕看来，我们不需要那么麻烦，只需要掌握用户的两个"自我"形象就可以了。

　　第一张"真实自我"，或者称之为客观自我。就是外界环境（他人）的判定。

　　第二张用户在心理上的"自我画像"，就是用户对自己的判定。这张画像越"清晰"，"像素"越高，用户的心理满足越高、越表现出正面、愉悦的情绪。随着用户的年龄、阅历、环境的变化，用户的自我画像也在不断地调整中。而用户所处在的群体，也会给用户带来影响和压力，迫使用户将"自我画像"调整得与群体更加一致。

　　理论上说，外界环境会对用户的"真实自我"，给出客观的判定反馈。当外界的反馈与用户"自我画像"相一致的时候，用户就能产生成就感和愉悦的正面情绪。而当这种判定和刺激与"自我画像"相违背的时候，用户就会产生挫折感和负面的情绪。但是我们说过，用户的"自我画像"总是会高过实际的状况，这就导致了外界刺激更多时候是与"自我画像"相违背的。

而且人心险恶，好事不出门，坏事传千里。人性当中丑恶的那一面导致了我们更愿意去传播和享受别人的负面信息所带来的心理愉悦。正如一句玩笑话说的那样："有什么不开心的事情？说出来让大家开心开心。"外界的刺激往往会有意地强化负面信息、弱化正面信息。用户所感知到的外界刺激更是会低于用户的"真实自我"，这对用户造成了更加负面的影响。

用户接受到这样的信息以后，自己对信息所做的解读和评价就导致了情绪的产生。美国心理学家菲利普·津巴多在《态度改变与社会影响》一书中更加清晰地阐述了这一过程。情绪 ABC 理论认为：人的情绪和行为结果，不是由于某一激发事件直接引发的，而是由于经受这一事件的个体对它的认知和评价所产生的。A 代表激发事件 A(activating event 的第一个英文字母），B(belief 的第一个英文字母）代表个人的认知或信念系统，C(consequence 的第一个英文字母）是引发情绪和行为后果。这个 B 所代表的认知或信念系统，就是我们的理智。

我们的理智在持续地对外部刺激做出判断，判断这个刺激的强度和真实程度。理智对外界刺激的强度判定，就是我们在当时所能够获得的情绪体验。而理智对一个激发事件真实度的判定，决定了这种情绪体验所能够持续的时间。这种能够长时间存在的体验，就会直接影响我们"自我画像"的"像素"。

举个简单的例子，在激烈的争吵当中，如果对方用"问候你母亲"这样的侮辱性语言对你进行攻击的时候，你当时的反应一定是非常愤怒。但是这样的愤怒情绪往往不会产生长时间的影响，因为你的理智很容易判断这个刺激是虚假的。但如果是情敌在表述和你的另一半有亲密关系的时候，虽然你拒绝相信，但是你的理智判定这种刺激有可能是真实的，这种可能性就开始动摇你心理画像上那一部分的像素了。而当这种刺激被理智判定为真实存在的时候，心理伤害就造成了。有过失恋经验的一定知道，"被劈腿"是伤害最深的那种失恋方式，你失去的不仅仅是心理和生理上的伴侣。更重要的是，你不得不接受在争夺异性（对大多数人而言，同性关系暂不讨论）中失败的事实。直接摧毁了你"自我画像"里面"对异性有较高吸引力"那部分图片。

当 A 所代表的激发事件是真实存在的客观现实，无法改变，当我们的用户接收到这样的负面激发事件的时候，什么样的行为会减少 C 所导致的用户心理伤害呢？

最本能的选择就是用其他的更直接的方式获得愉悦的感觉，抵消负面刺激。我们回到弗洛伊德的理论，就是用原始的、满足本能冲动的方式去获得愉悦。吃一顿美餐、喝大酒、蹦迪、唱 K，或者寻求其他一些不合法方式的刺激，都是为了获得这种本能的快感。

但是这种行为只能让我们获得短时间的快感，并不能减少负面刺激所带来的伤害。甚至当我们的行为违背了我们自己所设定的行为准则、道德标准时，这种行为会更大程度上伤害到我们设定的自我形象。譬如，在醉酒期间，放肆的言行会让我们感到快乐。但是酒醒以后，这样的言行会在很长的时间里面让我们感到惭愧和内疚（所以老帕戒酒了）。说句真实的玩笑话，很多人酒醒了以后说记不得在酒醉期间自己的言行，这在很大程度上是自己不好意思承认罢了，是我们不愿意去面对这样的负面客观评价，下意识地将这样的言行与自己的心理画像做区隔。这种自我区隔就是下面我们要说的否定负面信息。

调整自己的 B 认知或信念系统。采取弱化或者直接否定负面信息的方式，重构自己的认知或信念系统。将关注点放在自我鼓励上，用自我催眠的方式强化自我画像。我们所看到的各种"鸡汤段子"、越来越流行的各种"灵修班""身心愈疗课程"，都是为了达到这样自我催眠、否定负面信息的目的。而各种粉丝团体在社交媒体上与批评者强烈的对骂，从某种程度上说也是一种否定负面信息的方式。通过这样的统一行动，粉丝团体达到群体自我催眠、群体心理强化、自我形象提升的效果。只不过由于群体和网络的共同作用让这种群体行为以更加激烈的方式呈现出来。老帕说句得罪人的话：从这个角度上说，对骂的双方谁也比谁强不到哪里去，自我催眠的玩法不同而已。

当负面刺激过多，正面刺激不足的时候，用户的"自我画像"像素不断脱落，就变得越来越不清晰，甚至面临瓦解。这个时候，用户就会采取主动追求正面的刺激强化"自我画像"，获得心理满足。这种主动追求正面刺激的过程就产生了消费行为。老帕在这里所说的消费行为是广义上的消费行为，不只是简单的购买商品和服务，用户接受、阅读信息也可以称作一种消费行为。这种消费行为更大程度上体现为一种实现心理满足的过程。用户的目的就是在这样的消费过程中，获得正面的外界刺激去强化"自我画像"来获得心理满足。

强化"自我画像"最积极的方式就是通过自身的努力奋斗去获得事实上的成功，提高实际社会地位，优化自我客观形象、获得外部正面评价使外界刺激与心理画像相一致。跑步、健身、练瑜伽、加班工作、不断地学习提高自己、老帕努力思考写文字都是这种行为的体现。在这种行为获得回报的时候，我们的心理满足感最高也最愉悦。因为我们的理智对这种正面刺激的真实性判断最高。但我们知道，这种努力奋斗获得成功的方式，是一个长期而艰难的过程，会面对很大的不确定性。比如，你们的学习奋斗有可能并没有获得期望当中的回报，老帕的书写有可能不被读者认可。这种艰难和不确定性时时刻刻在劝说我们放弃努力。而在很多时候我们也确实放弃了这样的努力，比如老帕就一直没有办法把健身坚持下来。

但是，我们确实需要更多的像素去补充、修补我们的"自我画像"，怎么办呢？

"抠图"就是我们采取的最简单便捷的方式。这就是商家造梦与用户主动做梦的过程。我们被影视娱乐、小说打动,购买奢侈品或者时尚杂志的消费行为,都是这种方式的直接体现。商家造梦能力的强弱就决定了"图片像素"的高低。除了传统的时尚娱乐产业,这些年出现的明星项目中,"Roseonly"和"足记"就是这种"抠图模式"的直接体现。所以我们看到"Roseonly"在推广的过程中直接大量采用了影视植入、明星代言、明星参与炒作的方式。"足记"更是将"抠图"直接以产品形式呈现出来,就是为了最大程度上提高用户画面像素、丰富画面不同的场景图片,以便用户获得最清晰的代入感。

偏好"抠图"的用户自我催眠、做梦的能力比较强,在很多时候能够用感性压制理智,能够快速形成代入感,以年轻女性用户为主。但这种模式致命的缺点就是画面缺乏逻辑支撑,大部分用户的理智在被短时间压制以后,很容易就能重新占据主导地位,同样的产品和服务就很难再给这些用户带来满足感,所以就必须持续地给用户提供新的画面,时尚产业不停地推出新款的目的就是如此。同样这也是"Roseonly"和"足记"在快速爆红之后乏力的原因。

另一种,老帕称之为"网游"模式,就是"小米"和"三个爸爸"所采取的模式。这种模式也被一些当今的互联网大师们称之为"共建"模式而大加推崇。但是在老帕看来,将这种模式称之为"共建"模式是完全错误的,彻底曲解了这种模式的本质。这种方式的本质不是共建,而是模拟,是模拟了我们所说的"通过自身努力获得成功"的方式。给用户模拟了一场"通过自身的努力奋斗去获得事实上的成功,优化自我客观形象、获得正面评价达到与心理画像相一致"的过程。偏好这种模式的用户更加理性,以男性为主,年龄也相较于第一类用户更大一些。他们成就感的获得需要有完整的逻辑支撑。这种模式的缺点就是实现路径较长,变现期长。但是这种"网游"模式逻辑清晰、过程完整、结果明确。一旦用户参与并且享受了整个过程，就会形成高强度的认知，用户忠诚度很高。平台的运营者可以长时间、多次地收获用户的价值。并且在运营过程中，平台还能获得用户除了消费以外，智力、人脉、传播上其他的贡献。由于其与网络游戏在运营逻辑上和用户定位上具有天然的相近性，小米这样具有 IT 背景的公司本能地理解并采取了这种模式，迅速获得了成功。

在移动互联网和社交媒体相互作用的时代，这两种模式虽然在出发点上完全不同，但在事件营销、渠道推广、社群的运营方式上互相融合吸收，表现出的特征和最终结果也越来越相近，所以被很多人统称为"粉丝经济"。这种"粉丝经济"模式最成功、最经典的案例应该是郭敬明和他的《小时代》电影系列。我们在下一章里会仔细讨论。

传统经济的思维模式对用户的定义是一个理性的用户，是管理学上的经济人（经济人即假定人思考和行为都是目标理性的，唯一地试图获得的经济好处就是物质性补偿的最大化。），明确知道自己的需求。企业通过提供产品与服务满足用户需求。产品与服务更多的是满足用户在进行吃穿住行等方面的实际需求，让用户在满足具体需求上获得更好的消费体验。这种体验包括更好的品质、更便宜的价格、更方便的消费过程等。当然也添加了让用户获得心理满足的因素，但是在传统的商业模式里面，这样获得心理满足的用户体验大部分时间是处在附加地位，还是以更高的品质来区分不同档次的服务与产品。品牌也主要是以品质作为背书的。究其原因，是技术条件的限制导致了传播、物流渠道的高成本。

PC 为代表的互联网模式让信息的传播，商品的销售物流渠道成本降低到了接近于零，也让性价比模式为代表的流量经济模式走到了极致。

而移动互联网和移动社交工具让信息的生产传播获得了极大的解放。这个时候，消费不再是简单地满足用户已知的、明确的需求。消费是用户寻求心理满足的过程，用户更多体现出管理学上的社会人（社会人是在社会学中指具有自然和社会双重属性的完整意义上的人，与"自然人"相对。通过社会化，使自然人在适应社会环境、参与社会生活、学习社会规范、履行社会角色的过程中，逐渐认识自我，并获得社会的认可，取得社会成员的资格。）的属性。在这个时候，简单的性价比、流量思维模式就已经完全不再适用了。我们不能只是满足用户具体需求，我们需要为用户营造一个实现心理满足的过程，用户才会为这样的过程支付溢价。"情绪思维"就是再造这个商业模式的逻辑基础。

第六章

"情绪思维"模式成功案例

重新认识了用户，我们就走出了"情绪思维"模式的第一步。如何引导你的目标用户产生情绪反应，并变现这种情绪反应就成了我们接下来的重要工作。相比于传统时代的媒体环境，移动互联网让信息的生产、传播发生了颠覆性的变化。在这样的媒体环境下，我们可以时时刻刻地与用户沟通交流，我们拥有了引导用户产生情绪反应的基础工具。符合这种新变化的商业模式不断出现在市场上，并获得了不同程度的成功。"粉丝经济"就是这种新商业模式的典型代表。

"粉丝经济"的实质

"粉丝经济"，简单地说就是"让目标用户爱你的产品和服务"。这里面包含了两个核心概念：首先一点是"让目标用户爱"，就是让目标用户对你产生强烈的正面情绪反应。所以记住，你是为目标用户提供服务的，至于非目标用户的其他人群爱你还是恨你都无所谓。甚至你还可以利用其他人群的"恨"，来强化目标用户对你的"爱"。第二点是"爱你的产品和服务"，你一定要给目标用户提供可供消费的产品和服务，这种商品和服务目的是为了让用户在消费时被激发快乐的情绪反应，获得更好的消费体验，用户不再从产品功能的性价比去评判你的产品和服务。这样的特点让"粉丝经济"完全符合移动互联网时代"情绪思维"的商业模式。套用一句政治经济学的经典语句：**粉丝经济天生不是移动互联网，移动互联网天生就是粉丝经济**！

Roseonly 得与失

2013年1月4日，很有背景的创始人蒲易先生正式推出"一生只送一人"

的专爱概念网络高端花店项目。据说 3 天后就拿到了来自乐百氏创始人何伯权、创业家杂志社社长牛文文、时尚传媒集团总裁刘江、淡马锡和清华同方高管的天使投资。

同年 2 月，Roseonly 官网上线，预售 99 盒情人节玫瑰，2 月 10 日即销售一空。Roseonly 创始人蒲易在春节前疯狂"扫荡"微信朋友圈，发微博推广。由于创始人的"高端"身份，他在时尚、互联网、电商、奢侈品品牌等圈子的朋友马上成了最直接的受众，搜狗王小川、新希望刘畅、世纪佳缘龚海燕等人都积极帮忙转发。

随后明星们也加入了传播的行列，从李小璐、杨幂、李云迪、林志颖等明星纷纷捧场，到李念弟弟李思带 Roseonly 上《非诚勿扰》帮助造势。明星、意见领袖在社交媒体上的热捧效果惊人，一举给 Roseonly 官方微博带去数万粉丝，以及订单量的持续跃迁。3 月，Roseonly 卖出玫瑰上千盒，销售额跃至百万，获得时尚传媒集团的战略投资。 Roseonly 上线 6 个月，一直处于爆炸式增长的状态。七夕节前，预订请求达到数万，花店提前 5 天挂出售罄通告，最后销售玫瑰近 5000 盒。仅 8 月，Roseonly 的销售额就近 1000 万。Roseonly 在北京运用了"MINI 车 + 男模"的送花形式。从营销手法上，与当年黄太吉美女老板娘开奥迪 TT 跑车送外卖一样非常吸引眼球。有人开玩笑说："高大英俊的洋帅哥开着 MINI 送 999 元的玫瑰花，这里面有 600 元是被门口收快递的老大爷给消费了。"

老帕看了一些对 Roseonly 商业模式的评论文章，除了对创始人背景资源、情怀、推广方式、事件营销的分析以外，大部分的赞誉都是集中在"一生只爱一个人"这样的产品理念上。基本上就是：男生要想俘获女生芳心，除了表达"我爱你"以外，更重要的是"我只爱你"的宣言；女性用户总是喜爱这种概念性的浪漫，对这种理念营销却相当买账。正如创始人蒲易先生自己的表述："Roseonly 的火是源自爱情唯一的魅力，全部是爱情的功劳，我们只是做好了产品和服务。"

但真的是这个原因么？真的是女性用户对唯一的美好爱情憧憬造就了这种效果么？老帕觉得好像差了点。网络上的这一段文字可能更接近老帕认为的事实：

"这次七夕情人节我跟他说如果不送我 Roseonly 的鲜花就跟他分手！你们说他工资也不低，一个月也有 8000 多块钱，家里也不穷，为什么就不能给我一个浪漫的七夕？非要说这个花太贵了要送我花店里便宜的，虽然贵但是这是永生花啊！一生只送一个人还不会坏！一次管一辈子！而且还有明星代言！再说我特喜欢看小时代他又不是不知道！里面顾源送给顾里的就是这个牌子的花！大黑牛都不送石头了，他要是不送我 Roseonly 我不砸死他！你们来评评理，这么点钱都舍不得花的男人以后还能结婚？不就 2000 块钱吗！非要跟我讲实用性，女人不都图个浪漫吗？"

——来源于网路，作者不详。估计为年龄 25 岁之下女白领

看明白了么？Roseonly 的目标用户要的不是什么专一的爱情，她们要的是一个工具，要的是给自己筑造一个"都市公主梦"的工具；要的是能够快速地将自己带入到电影场景中的工具；要的是能够将自己想象成郭彩妮、杨幂的工具。

父母不是土豪，自己也应该没那么白、那么美；现实中的男友不高、不富也不帅；豪宅、跑车、华服、大大的粉红色鸽子蛋买不起；罗马、巴黎旅游去不了，休假去趟丽江还得挑淡季，还得全网搜索便宜机票、促销客栈。格子间里面的争斗、地铁上拥挤的人群、租金昂贵且面积又狭小的房间不断

地把她们从这种"都市公主梦"里拽出来。一束花就能让她们在脑海里面构造出这样的画面，让她们能在这样的画面里面陶醉一会儿、享受一会儿，就能够让"都市公主梦"看起来像素更高一些，作为男性朋友的你难道不应该满足这个小小的愿望么？

至于明星的传播，电影的植入，除了借势达到更大的传播范围以外，更重要的就是大量展示这样的画面，方便目标用户更容易地将自己代入到场景中。

至于所谓"一生只爱一个人"的理念、厄瓜多尔进口什么的，只是给小资女青年们找了一个说服自己接受高价格的理由而已。很好理解，不管是不是，谁都不想承认自己是败家娘们，不是么？但是为了追求专一完美的爱情，钱就不再是重要的事情了；再说花的又不是自己的钱。"我"不是拜金女，"我"是都市里被万千宠爱的小公主。在朋友圈炫耀的信息也绝不是简单低级土鳖式的炫富，炫耀的是更高的格调、更完美的爱情观、更精致的品味、更小众的生活方式。

而看明白了的男性们马上发现了 Roseonly 在性价比上的优势，一两千的花在效果上完全达到甚至超越了一两万的包包。所以老帕在这里给男友们一个忠告：别傻了，别再纠结为什么女生老是钟情于这种毫无"性价比"的商品了！对女生来说那些不是你所看到的商品，那是造梦工具。在你犹豫纠结的时候，别人已经先下手，已经成功上位了。正是抓住了这样的情绪，将产品与这种情绪紧密结合，持续的重复，传染这种情绪，Roseonly 才能在短短的时间里面获得大量白领女性的追捧。

但是，相比于其他一些成功的移动互联网营销模式，Roseonly 在目标用户的聚集、目标人群的组织和沉淀上有很大的欠缺。产品与用户的情感链接过于脆弱，用户的情感需求很容易被其他的替代产品与服务所满足。"热点"

总是迅速地在冷却，当事件营销造成的短期轰动过去之后，当目标用户的眼球被其他的热点话题吸引走的时候，如何维护与目标用户的长期心理链接是 Roseonly 需要解决的最大难题。在这一点上，老帕对 Roseonly 的后期发展持悲观的态度。

懵懵懂懂爆红的"足记"们

快速爆红的图片应用背后的原因

在这些年，每过一段时间，就有一款"黑马级"图片应用 APP 横空出世，突然席卷了你的朋友圈，然后全民疯狂下载、争相分享。火爆的速度不仅让市场大为震惊，甚至连创始团队都"不明觉厉"。一时间所有的投资人、媒体、抄袭者蜂拥而至。但这些应用都有同样一个特点：火的容易、去得也快。在经历昙花一现、惊鸿一瞥过后，很快就被大部分用户所遗忘。而且老帕发现，这样的周期呈现出越来越短的趋势。

"足记"，2015 年 3 月，你的朋友圈中开始有人贴出一张张，类似电影效果并且还配有像是字幕一样文字的宽幅图片。那他肯定是在使用了"足记"这款图片应用 APP。"足记"通过一个小创新，将 P 图软件中的 LOMO——电影风格进一步拓展，通过电影风格的截图、字幕、边距和滤镜的处理方式，把一张普普通通的照片弄成好莱坞电影大片的 feel，底下再用字幕的形式来表达用户心中的一些想法，让用户觉得自己拍的影像看上去就像电影截图。用户将拍摄制作好的图片分享至各种社交网站，这种个性化分享，让人人都觉得自己过了一把电影大片儿瘾！两周时间里，"足记"的用户量从几万猛增至最新的 1350 万，日新增用户一度达 200 万，瞬间让 APP 服务器宕机。但是在短短三四个月之后，到了 2015 年七八月份，我们就很

难在朋友圈再看到这样的图片分享了。用户好像完全忘记了还有这样的一种
应用。

"**脸萌**"大概是在 2014 年中旬，你突然发现你的 QQ 好友、微信好友头
像一个接一个变成了跟本人有些相似的 Q 版形象，仔细看看还是挺可爱的；
又过了几天，你发现越来越多的 Q 版头像铺天盖地出现在各种社交帐号上，
这就是"脸萌"。这款软件最大的特色就是，以多种人物面部器官、服饰配
饰、新潮文字等动画组件，让用户自己 DIY 一套专属于自己的卡通形象，也
可以制作亲人、朋友、情侣间的卡通合照。这一时间让很多用户玩得不亦乐
乎并且在微信、QQ 等社交工具中快速地传播着。在世界杯期间，脸萌这款软
件也借助世界杯的热度，不断地进行更新，在 2014 年夏天，脸萌"成为 APP
榜单中最为火热的 APP 之一。但是从 2014 下半年开始，就发现很难看到还

有谁在分享脸萌头像了，只有极少部分用户还继续保留着用脸萌制作出来的Q版头像。

  "**魔漫相机**"大约在 2013 年底出现，一出现马上就火了，但到了 2014年初就基本无人问津了。魔漫相机是帮助用户通过自拍，将自己的头像拼接在各式各样的漫画人物素材中，形成具有自己面相的独一无二的漫画图片或者头像。并且提供了表情制作功能，动图的方式来让头像更加生动。在热点事件、节日期间，魔漫相机也会同步更新一些表情素材，让用户觉得更加时尚和潮流。80 后及 90 后可以说是在日本动漫的包围下成长起来的。只要是看过漫画的少年心中，都有想要成为动漫人物的梦境，总也想让自己成为心中那个独一无二的动漫人物。从这一点上说，魔漫与足记在商业模式的逻辑上完全一致。

让我们做一下事后诸葛亮，分析一下这种快速起落现象背后的原因。正如老帕在前面的内容中所聊到的，当"我"与现实世界有越来越大的距离，用户就会主动地去寻求使用一些外部的"工具"来帮助自己去强化"我"、补充图片中缺失的像素，会越来越频繁地依赖"抠图"自我催眠所带来的快乐。

而这种免费的图片应用APP为用户提供了简单、直接并且免费的"工具"。这些应用完全帮助用户设计好了与心目中的"我"接近的图片、场景和其他信息。用户甚至都不需要使用大脑的"抠图"功能，就能将自己替代到那些图片和场景之中，简便地实现自我形象的丰满统一甚至是提升，迅速地获得满足感、成就感、幸福感。

而移动互联网的特点就是能通过智能手机实现快速的社交化分享。新奇有趣的内容在朋友圈很容易引起别人注意，这种图片功能一下子就让自己的形象和其他图片区分开。同时朋友圈的点赞也放大了用户的满足感、成就感、幸福感，所以迅速引起一系列连锁反应，让应用得到广泛的传播。简单、便捷的应用设计大幅度降低了用户尝鲜的门槛，让所有人都能够快速地掌握、使用和分享，一时间就达到了疯狂下载的程度。

但是问题恰恰也在这里，这种替代是那么的简单、直接和不加遮掩。在最初的快乐过去以后，大多数用户的理智很容易就将这种快乐判定为虚假。在理智和自我催眠的争斗中，自我催眠迅速失败，弥补到"我"身上的像素很快地脱落了。用户的感情甚至还来不及进入就被拽出了场景，更不要说是能够沉淀和发酵了。而当所有人都开始使用的时候，炫耀所带来的成就感也快速地消失了。当大多数的用户再也无法在使用中获得快乐的情绪反应时，自然而然地这些产品就被用户遗弃了。用户又去寻找下一个能给"我"带来快乐的"工具"，并希望这个"工具"能用的久一点。

按老帕的说法就是：给用户的坑挖得太浅了！

但是！请注意但是！老帕并不在是说这些应用就是失败的。只是说他们迅速地从公众的视野里面消失了，大多数人不再去关注他们了。正如我们前面说过，细分的市场和人群在大量出现，尾部越来越多。不同用户的"自我催眠"能力是不一样的，"自我催眠"的偏好是不一样的。在经过了这样爆发式的增长以后，一定会有一批价值观相近、心理成熟度相近、爱好相近，数量可观的忠实用户留存下来。维护、沉淀、发酵这些用户，根据对用户的分析、发掘他们的共同点，整理新的商业模式，将会带来新的增长或者变现的机会。在这一点上，听说"足记"团队就做得不错。而对于不再更新，转而开发其他产品的"脸萌"和"魔漫相机"团队，虽然也可能在新的方向上获得成功，但是老帕觉得可惜了，浪费了巨大的存量用户。从这点上说，老帕一直认为，对一个创业团队来说，对商业模式的深入理解要比掌握技术更加重要。这也是为什么老帕在看项目的时候，不太认可纯技术团队或者由技术人员领导的团队（个人偏好而已，大家见仁见智）。

《小时代》是粉丝经济的教科书

近几年，随着移动互联网和社交媒体的进一步发展，"粉丝"的范围被不断地扩大，价值被进一步发掘。小米、"三个爸爸"、"Roseonly"的成功更是让"粉丝"的价值和力量得到了更大的发掘和体现。让更多的人将目光聚焦在"粉丝"身上。亨利·詹金斯在《融合文化：新媒体和旧媒体的冲突地带》就指出过：粉丝不单是个体用户，他们是一批比个体用户更主动，更愿意去创造的一群人，而互联网的模式让他们表现得更加从容和自在。人们认识到"粉丝"不仅是产品的用户，而且是新产品的制造者，是企业推广活动的媒体和推动者，更是产品营销的渠道。

尤其是雷教主和他的小米更是将"粉丝经济"的优势扩展到极致。一系列眼花缭乱的"粉丝""参与感"组合拳让小米公司成为中国发展最快的互联网公司之一，让小米的最新估值高达 450 亿美元！

但是老帕说过，小米的商业模式其实从本质上说应该算是"网游"模式，但是在用户和社群的建立上使用了大量粉丝运营的手法，小米的用户也表现出了粉丝的特点，勉强算是"粉丝经济"的一种变形模式吧。

最经典的粉丝经济成功案例应该属于郭敬明与他的《小时代》。在之前，老帕对郭敬明的感观很不好，印象里面这就是一个非常肤浅的人，说话怪里怪气，喜欢奇装异服、半裸出浴、随时随地在炫耀各种名牌。与老帕的感觉一致的是，天涯论坛也将郭敬明评选为中国网友 3 年来最讨厌的男性名人。而《小时代》系列的电影，更是让老帕觉得这是一部散发的浓厚物欲和拜金的气息的"奢侈品广告大集合"，没有内涵、没剧情、人物没性格特点、对白莫名其妙。完全符合老帕对"小四"肤浅的定义。

但是随着老帕对"粉丝经济"的研究越来越深入，了解越来越多，愈加发现了郭敬明先生在粉丝心理的把握、粉丝社群运营上的过人之处。虽然老帕还是难以接受郭敬明先生所表现出来的个人形象，但是在商业运营上，老帕对郭先生表示由衷的佩服。

在我们讨论《小时代》之前，我们先对"粉丝"这个现象以及特点做一个简单的了解。

粉丝的定义

"粉丝"最早的意思是崇拜某明星的一种群体，是英语单词Fans的谐音。早期的"粉丝"更多定义为有着时尚流行的心态，追星的年轻人群体。早期"粉丝"的价值主要包括这几个方面：

● 消费与明星相关的产品；

● 购买明星们代言的商品；

● 购买明星喜欢或与之相关的东西。

有明星就有"粉丝"。但是在中国，"粉丝"作为一个群体，显示出统一、极端的群体特性，在公众面前显示出强大的力量。应该是自超女时代开始，其中，以李宇春粉丝为代表的"玉米"更是典型代表。"玉米"在组织性、统一性、以及当偶像面对负面评论时表现出来的近乎偏执的攻击性让所有的人大为吃惊。这个群体更是表现出了长期的影响力，李宇春在近几年接连在多部影响力较大的电影中出现，尽管都是边缘角色的人物，但"玉米"们持续的支持，还是让李宇春成为了票房的保证。

"粉丝"的本质

"粉丝"并不是一个新的事物和现象,是"群体"现象的另外一种表述。与群体一样,粉丝的行为、特质表现出明显的从众心理与非理性。"粉丝"会丧失理性,没有推理能力,思想情感易受旁人的暗示及传染,变得极端、狂热,不能容忍对立意见,因人多势众产生的力量感会让他们失去自控,甚至变得肆无忌惮。关于这一点,法国社会心理学家古斯塔夫·勒庞《乌合之众:大众心理研究》就有过明确的表述。

"'群体精神统一性的心理学定律(law of the mental unity of crowds)'[注释],这种精神统一性的倾向,造成了一些重要后果,如教条主义、偏执、人多势众不可战胜的感觉,以及责任意识的放弃。

"群体只知道简单而极端的感情;提供给他们的各种意见、想法和信念,他们或者全盘接受,或者一概拒绝,将其视为绝对真理或绝对谬论。

"个人可以接受矛盾,进行讨论,群体是绝对不会这样做的。在公众集会上,演说者哪怕作出最轻微的反驳,立刻就会招来怒吼和粗野的叫骂。在一片嘘声和驱逐声中,演说者很快就会败下阵来。

"这些聚集成群的个人最有意义的变化,就是其中个人的行为方式,会表现得与他们一人独处时有明显的差别。

"进入了群体的个人,在'集体潜意识'机制的作用下,在心理上会产生一种本质性的变化。就像'动物、痴呆、幼儿和原始人'一样,这样的个人会不由自主地失去自我意识,完全变成另一种智力水平十分低下的生物。

"群体不善推理,却急于行动……群体在智力上总是低于孤立的个人,但是从感情及其激发的行动这个角度看,群体可以比个人表现得更好或更差,这全看环境如何……一些可以轻易在群体中流传的神话所以能够产生,不仅是因为他们极端轻信，也是事件在人群的想象中经过了奇妙曲解之后造成的后果……

"群体……它总是倾向于把十分复杂的问题转化为口号式的简单观念。在群情激奋的气氛中的个人，又会清楚地感到自己人多势众，因此，他们总是倾向于给自己的理想和偏执赋予十分专横的性质。"

大众媒体是粉丝经济的制造物

英国学者克里斯·罗杰克在他的《名流》一书中就明确指出："当人们对上帝的信仰逐渐淡化时，社会需要娱乐来分散人们对结构不平等和无意义的生存等痛苦事实的注意。""随着上帝的远去和教堂的衰败，人们寻求救赎的圣典道具被破坏了。名人和奇观填补了空虚，进而造就了娱乐崇拜，同时也导致了一种浅薄、浮华的商品文化的统治。"从个人品牌到企业品牌，大众传媒不断地在生产线上推出一代代偶像，满足大众的心理需求。

互联网是粉丝经济的催化剂

● 互联网从 BBS 逐步过渡到社交媒体阶段，社交群体化让散落在各处的人在移动互联网上重新聚集，形成新的群体。人们从对兴趣的关注点开始向对人的关注点演进。人成为整个信息流的中间环节，这和现实生活的情况很类似。可以说，社交媒体是线下群体关系的完美呈现。而移动互联网时代，社交媒体工具在获取用户、维系用户、扩展用户的成本方面更具竞争力，比线下群体关系更有优势。

● 互联网的特性让群体表现出更加从众、极端和非理性的特点。

在没有现实社会中的责任约束后，网络语言可以直接反映人们心中与现实社会中的言行截然不同的潜意识和内在冲动，这就使得网络群体的表现比线下群体呈现更加的非理性化。

在网络中，为了使自己的观点获得支配性地位，各方的表达方式往往趋于极端化、偏激化，从而出现一种"群体极化"现象。而由于偏好相近形成的粉丝群体本身就具有很强的同质性，这种同质性容易形成心理暗示并相互感染，最终产生更加极端化的表达。

● 互联网给了予了中底层民众表达意见的场合，所以中底层民众构成了网民的主体。这使得"粉丝经济"与"屌丝经济"界限变得非常模糊，在很多时候混淆在一起。"得草根者得天下"的说法亦是来源于此。

移动互联网是"粉丝经济"获得成功最完美的环境

移动互联网不仅能吸引粉丝的眼球，同化粉丝的思想，激化粉丝的情绪，还能随时掏空粉丝的钱包。我们在上文中说过，移动互联网碎片化阅读习惯会使人产生"多任务"错觉。这使得用户在使用移动社交工具时智商下降，导致：

● 用户越来越没有耐心去阅读复杂的内容；
● 用户的行为也越来越被情绪所影响；
● 用户的价值观极易受到朋友价值观的影响；
● 用户被态度观念、生活方式的纬度分割成更多的不同的社群；
● 移动支付的普及使用户的消费冲动能够随时变成实际购买。

在老帕看来，《小时代》的成功可以说是"粉丝经济"完美的体现。与含糊其辞、藏头露尾的《参与感》不同，郭敬明先生用《小时代》的成功，像教科书一样清晰地为我们演示了粉丝经济的所有步骤，从这一点上说，备受攻击的"小四"比万众膜拜的"雷教主"实诚得多了。

目标受众的定位无比的精准

在用户把握上选择了最适合的人群。《小时代》像手术刀一样切到了"粉丝经济"最有价值的人群。

老帕在上文说过，与上个时代相比，现在消费的主体人群呈现更年轻化的态势。而15~25岁的年轻群体消费能力更强，消费行为更加乐观和随意。

"粉丝"需要一定的非理性作为基础。越是年轻的群体个性化、自我意识更强，行为越表现出更加的非理性，他们在认定的事情上不会轻易妥协。但随着年龄、阅历的增加，非理性因素会逐渐减少。当人们的决策日益理性化，对偶像的崇拜也会大幅减少。在《小时代》引发的网络对骂中，支持者几乎不做任何实质性的解释，回复基本都在重复三句话："你老了、你嫉妒、你是枪手。"这种简单直接的回复让另一方恨不得吐血，称其为"脑残粉"。公知代表韩寒对于这个群体的特征是这样描述的："他们傻，幼稚，没有是非观，心智就不齐全，发育就不完善，他们根本不知道什么是纯真和善良，却成天拿这个说事。"在这一点上老帕并不认同韩寒的判断。在任何一个年代，青青期人群的心理特征都是相近的，只不过在之前的时代，青春期人群的话语权被年长的人群所压制，而互联网的发展给了现在的青少年更多表达的机会。《小时代》粉丝所表现出来的行为和思维方式，都是他们这个年龄段群体特征的体现。

青春期人群的特点让他们容易被简单、直接的信息、形象所诱导，更容易相互影响，形成价值观统一、行动统一的群体。这样的群体表现完全符合勒庞所提到的群体特性："……群体只知道简单而极端的感情……他们或者全盘接受，或者一概拒绝，将其视为绝对真理或绝对谬论。""……群体是绝对不会这样做的……轻微的反驳，立刻就会招来怒吼和粗野的叫骂。在一片嘘声和驱逐声中，演说者很快就会败下阵来……"

他们是互联网原住民，是移动互联网最主要的用户；虽然他们拒绝被标签化，但是年轻和感性让他们在社交媒体上不断暴露自己的真实信息与性格特质，他们在社交媒体上的行为不停地在为自己打上鲜明的标签，这样鲜明的标签让他们更容易被观察、被抓取、被"画像"。

用技术而不是用文艺解决问题

《小时代》是基于大数据分析做出的决策。制作方对郭敬明的粉丝和几位主演的粉丝们在微博、贴吧、论坛等多个渠道的数据进行了调查分析。全面覆盖了网络上讨论郭敬明和几位主角的帖子和文章，从中再次提炼粉丝的特点和情感需求。制片方发现粉丝中有 40% 是高中生，30% 是白领，20% 是大学生，另外 10% 为普通人群。他们都是郭敬明以及杨幂等主创的忠实粉丝，他们对《小时代》深有同感，电影公映之后，来自社交媒体、搜索引擎上的数据也呈现出与票房一致的走势。一份数据分析表明："在'小时代'的 9 万多位微博原发作者中，女性占到了八成以上，接近半数还是微博达人。可以这么说，《小时代》的年轻女观众们，同时也是微博等新媒体上比较活跃的人群，她们积极参与了《小时代》这部电影的观影、评论、分享、传播甚至争论。"电影《小时代》是中国电影史上首部大规模启用大数据技术的电影。无论电影在立项还是上映前后，来自互联网的大量数据分析都成为制作方下一步行动的参考，制作方针对这些目标群体在影片上映前开展一系列的推广活动更是效果相当明显，为电影的票房提供了技术上的保证。

简单、极致地满足用户需求

运用大数据的技术，郭先生完全掌握了目标群体的特点，这是一群"90后"甚至"00后"的用户。他们处在叛逆的青春期与苦闷的后青春期，他们有自己的梦想——渴望长大，渴望爱情，渴望成功，讨厌麻烦喜欢简单，相信美好的事物和传说，喜欢独一无二，讨厌重复，害怕孤单，希望能够被别人承认自己的能力。然而现实的学业或者工作压力让他们感到沉重，他们并不完全了解爱情和事业是怎么样的，只是按自己的想象去描绘美好的梦想画面。基于这样的用户特点，郭敬明与他的团队开始为他的粉丝们量身定制"梦想画片"。《小时代》简单、极致地将目标用户需要的元素装进影片当中，在这一点上，郭先生的做法倒是与雷教主的思路不谋而合。

强调青春的困惑。《小时代3》在宣传中不断强调影片是为了使青春有更饱满的色彩。讲述了主角们挥手作别青葱校园，融入生活的滚滚洪流之中的迷失、怅惘、怀念却又不能不勇往直前的故事。郭敬明表示："在欢乐的地方欢乐，悲伤的地方也十分打动人，这样的青春也才会有更饱满的色彩。这部影片让年轻人真正感受到了青春。"但是批评的人指出：电影内容空洞无物，与青春毫无关系，有人拿《致青春》与其作对比，认为同样是以青春为主题、以大学生为故事主角的电影，《致青春》的人物造型怀旧朴素，与真实的青春校园一致，而《小时代》却是透过纸醉金迷的场景赤裸裸地宣扬了物质至上的价值观。

"穷凶极恶的奢侈"。在这个物质化的时代，都市人群对成功的心理定义简单地物化为香车豪宅、高广大床、衣香鬓影。为了迎合这样的用户需求，在拍摄《小时代1》的时候，制作方就进行了奢侈的时尚投入。通过自主设计、购买成衣、租借样衣和品牌赞助等共搜集了3000多件高档衣物。而到了《小时代3》的时候，造型团队为粉丝们打造了更加奢华的梦幻空间。高级服装造型升级到了7000件。比较前两部，郭敬明自己说："在罗马花园拍摄的时候，有专程运马、运孔雀到现场打造唯美场景，煞费苦心。所以最后呈现出来的效果真得很美。不过拍摄过程中也付出了惨痛的代价，南湘身上昂贵的丝巾都被烧了。""《小时代3》不仅拉团队去罗马拍摄,还在上海创造了很多的'不可能'。比如,在上海外滩的一条街上大范围造雪。还有,成功协调封掉了整座外白渡桥,让演员开跑车飙过去。"

很多人就此把《小时代》定义为超级大烂片,认为小时代的成功是因为郭敬明有大量的书籍读者"护法",《小时代1》《小时代2》才创造出累计超过7亿的票房神话。有动辄上百万的纸质书读者作保障,哪怕被骂为脑残,粉丝们也会把《小时代3》的票房给硬拉起来。老帕在之前也认可这样的说法。但是在今天,老帕的看法有些改变。我们不可否认书籍读者粉丝在里面的作用。但是,我们不能简单的只从电影的角度去理解《小时代》。老帕认为,对于郭先生来说,电影只是工具,只是给目标用户提供可供消费的产品和服务,目的是为了让用户在消费时被激发快乐的情绪反应,获得更好的消费体验。《小时代》需要达到的目的很清晰,就是简单、极致地满足用户的情感需求,将用户需要的"心理图片"最大限度地提供给他们。《小时代》是给目标用户提供造梦的工具,是在给他们提供一张张连续滚动的"都市公主梦"图片。所有的图片、场景和其他信息都是为了让用户能快速地将自己替代到那些图片和场景之中,迅速对自己进行自我催眠,实现自我形象的丰满统一甚至是提升,迅速获得满足感、成就感、幸福感。《小时代》的粉丝群体并不是为了故事情节去看电影,他们需要的是能以最快捷的方式享受"抠图"所带来的快感。那当然是越简单、越直接、越快入梦越好了。至于真实性和逻辑性,那恰恰是粉丝们所痛恨的东西。我就是来做梦的,你为什么还要用这些东西提醒我真实世界的残酷?

简单、极致地提供用户的情感,将损害用户体验、对用户没有价值的东西完全地剔除。没有任何顾忌、不受外界影响、不受行业和惯性的束缚。基于这样的运营思路和商业模式,电影《小时代》票房成绩大获成功是必然的。

从这个角度上来理解，大家应该能够明白为什么老帕对于《小时代》和郭敬明这么的推崇了吧。

"公知"开始说话，郭敬明就笑了

正如老帕无法理解"二次元"、Cosplay一样，当非目标用户的公知们观看电影《小时代》时，自然也无法获得与郭粉们同样的情感体验，完全无法理解这样的表现形式究竟目的何在。所以电影上映时，被主流影评人集体吐槽，被主流、高智商的"大V"知识分子所痛恨也是必然的。但这些吐槽恰恰是郭先生所需要的，我们在社群运营思路里面会讲到，一个反面的Boss、负面的外部压力对群体形成统一的意识是非常重要的。群体就是在这样的统一对抗外部压力的行动中强化内部感情连接，逐步形成统一的价值观。老帕甚至建议，在可控的情况下，社群运营时有意识地去设立这样一个反面的角色。

看一下郭粉的年龄区间我们就知道，他们正处在求学和初入职场的阶段，他们正在憧憬着美好的未来，或者憧憬中美好的生活正在被残酷的外部世界打击。他们在现实世界中被上一个年龄层次的人群所压制，面临的社会压力更是直接通过上一个年龄层次人群的言行所体现。老师、班主任、教导主任、家长，职场中的上司、办公室恶毒的前辈都是这样的人群。而主流"大V"和"公知"人士的年龄，社会地位，说话的口气，甚至"批评教育人"的方式和逻辑与这些"坏人们"多么的相似。"公知们"主动地、完美地担任了这样的反面Boss角色。甚至不需要郭先生去刻意地引导，"郭粉"们马上就能将这些"公知们"设定成现实中的"坏人"，将在现实中收到的"压制""迫害"转化成激烈的反击倾倒到他们头上去。他们是在用这样看上去非理性的方式体现自己的个性、捍卫他们的自我意识，表达他们与主流的不妥协。卡耐基先生很早就告诉过我们，辩论是不能说服一个人的。尤其是在互联网上的辩论只会升级为谩骂和语言暴力，所以我们看到这场辩论最后浓缩到"你脑残！"和"你老了、你嫉妒、你是枪手！"这种简单的对骂。就是在这样的对骂当中，粉丝们互相影响，群体心理被强化。郭粉们变成了价值观统一、行动统一的社群组织。而这种对骂的结果，必然是"郭粉"们以更加强烈的实际行动去支持《小时代》和郭敬明等主创人员。你们不是说电影"烂"么？你们不是瞧不上么？让我们用票房结果狠狠地扇你们个耳光！

群体目标与商业目标完美地结合在一起了！而影片票房的每一次胜利成为了群体目标的阶段性正向反馈，让群体对目标更清晰，告诉群体距离目标还有多远，强化了群体的使命感。不需要强推，不需要广告，不需要软文，只需要稍作一点点引导，社群就完全地朝运营团队希望的方向在前进。真是很少的引导，老帕搜索了很多的相关微博、内容、信息、文章都没有发现有明显的引导痕迹，看上去粉丝们的行为更像是主动自觉形成的。

老帕说句玩笑话：如果公知们都闭嘴，郭先生可能真的要急了。如果从现在开始，公知们都一致地为《小时代》和郭敬明唱赞歌，郭粉们可能真的就蒙了，就无所适从了。《小时代4》上映的时候票房大概得掉一半。

永远 18 的郭敬明与 30+ 的韩寒

在这里不得不谈到当年另一位文化标签人物韩寒。韩寒和郭敬明，这两个人的经历其实很相像，都是凭着写作的天分被《萌芽》发掘，少年得志，又在媒体的推波助澜下迅速成名。郭敬明更加商业，而韩寒更自我，做着自己想做的事，按自己的心情写自己喜欢的文字也安然地享受着被粉丝簇拥的尊贵。说实话，与郭敬明相比，老帕更喜欢韩寒的文笔，主流的媒体与文化也对韩寒表示更多的认同。随着时间的推进，韩寒的文字越来越成熟，韩寒的粉丝在随着韩寒的成长而成长，所以我们看到韩寒有相当多的粉丝是十几年始终如一地跟随着他，从这个角度上说韩寒是成功的。

但是，当粉丝们逐渐成长为理性的中年人的时候，当他们踏入社会，开始真正接触真实的世界的时候，他们会反思在青春小说中描述的所谓生活是否真实存在。梦想逐渐远去，现实的柴米油盐渐渐成了生活的主旋律。与韩寒不同的是，郭先生始终将他的粉丝人群固化在同一个年龄段，很多吐槽电影《小时代》的"80后"，当年都有可能曾经是郭敬明的粉丝。老帕一直认为，郭敬明先生在公众媒体上所表现出的形象是在对低龄粉丝人群的心理分析后有针对性的设计。"半裸出浴、奇装异服，表现得自恋、中性化、喜欢炫耀奢侈品"，正是这种我们看上去很怪异的行为让郭敬明成为了低龄粉丝人群心目中"展示个性""捍卫自我意识""表达与主流文化的不妥协""享受成功""享受别人的嫉妒"最佳的代表符号，完全符合我们在社群运营时所说的意见领袖（灵魂人物）的设定。可以这么理解，郭敬明本人会变老变得成熟，但是郭敬明的文字和媒体形象始终是在为低龄目标群体服务。所以不管《小时代》电影里面的帅哥美女们多么年轻漂亮、花容月貌，都无法抢走郭教主的风头，郭敬明始终牢牢把握住了粉丝心目中的精神领袖地位。

当越来越理性的韩粉们纠结于是买一张《后会无期》的电影票，还是把钱省下来还房贷时，年轻的郭粉们在与"公知大V"一场酣畅淋漓的对骂之后，已经在手机上完成了电影票的购买。同时将《小时代》的宣传软文再次转发到朋友圈，在郭敬明和主演人员的最新微博动态上点了一圈赞。在《小时代奢侈品图册》当中选取了Roseonly玫瑰这件价格看上去还不是那么昂贵的道具作为本次的造梦工具，将买花的要求明确、强硬地传达给了男朋友。

完美，经典。每一个环节设计的都是那么极致，那么天衣无缝！当我们还在为社群运营、粉丝经济到底该怎么做争论不休，打口水仗的时候。郭先生已经一次又一次地收割了甜美的"粉丝"果实。看到这里，你还好意思用"小四"这样蔑视的外号去称呼郭敬明么？至少老帕不好意思，他完全当得起老帕称一声"郭先生"。

另类粉丝经济——网游模式

2011年，错失了互联网机会，被边缘化了很久的IT大佬，金山软件原CEO雷军带着一款号称"为发烧而生"的小米手机横空出世。作为一家专注于智能产品自主研发的移动互联网公司，小米公司号称首创了用互联网模式开发手机操作系统、发烧友参与开发改进的模式……小米用让人眼花缭乱的移动互联网产品概念给了市场一个大大的惊喜。2011年12月18日，小米手机1第一次正式网络售卖，5分钟内30万台售完；2012年6月26日，小米公司董事长兼CEO雷军宣布，小米公司已完成新一轮2.16亿美元融资，估值达到40亿美元；2012年11月19日，MI2 10万台于2分29秒售完，M1S青春版 30万台于12分02秒售罄。随后，小米迅速将产品线扩展到智能电视、智能路由器、智能空气净化器等领域，并且提出了"硬件、软件、互联网服务"的生态圈概念。2014年10月30日，小米一举超过联想公司和LG公司，一跃成为全球第三大智能手机制造商，仅次于三星公司和苹果公司。在获得了硬件产品上的巨大成功之后，小米更是推出了《参与感》一书，将小米的商业模式作为"粉丝经济"的成功案例，成为了移动互联网创业的经典教材。

不懂网游的 BBS 不是一台好手机

小米是怎么啖了移动互联网的"头道汤"?

小米砍掉线下渠道,如何解决流量问题?

答案就是"粉丝+品牌电商"。

雷军在 4 月 6 日给员工发了一封内部信,说了几句话:"面对恶劣的市场环境,我们应该保持初心:永远坚持做高品质、高性价比的产品;相信用户,依赖用户,永远和用户做朋友!只要坚持这两条,小米的梦想就能实现。"

你看雷军的关键词就是:产品+粉丝。

粉丝为什么这么重要,是因为他们是小米式流量的动力源,铁杆用户和发烧友的口碑至关重要。

而小米网这种品牌电商模式,则承担小米式流量的放大器。

毫无疑问,这是一种优质、高效,更可持续的流量获得方式。我甚至认为,"粉丝"+"品牌电商"是中国品牌未来趋势性的升级方向。

你看看凡客,绝地重生的秘密武器就是学小米模式的本质,也是这 3 把刀:

第一, 在价值链上动刀,最近发布的衬衫、T恤,零售价也是接近生产成本定价。

第二, 在产品上动刀,推单款爆品战略。

第三, 重新聚拢粉丝,重新打造基于自我品牌的电商模式。

效果很不错,因为这是先进生产力,是更高纬度的打法。

——摘自金错刀专栏《雷军的爆品战略为何难以持续》

当我们在谈到小米和雷教主的成功时,不同的人有着不同的解读。其中以金错刀大师的"爆品理论"最为流行。金大师的观点就是:"小米做出了'一款能让用户尖叫的产品','专注极致口碑快'是最重要的 7 字诀,参与感让用户帮助小米研发和完善产品,用户和小米共同打造出了一款超级的产品。一经推出,就马上成了一款'爆品',市场热捧,产品获得了巨大的成功,大概其就是这个意思吧。"

听到这种论点,老帕偷偷地笑了。小米的产品充其量只能算是一款质量还不错的东东,价格一点也不便宜。作为业内人士的老帕再告诉你,智能手机的研发设计真没什么难度,几个人的设计室就能搞得定,不是一件需要无数科技精英们在互联网上群策群力才能办到的事情。不然,那开发的是航天飞机,不是开发一款手机。

在老帕的眼里,雷教主和小米的成功其实来源于这 3 个原因:

1.砍掉了中间渠道环节,将渠道利润让给用户;

2.逆向使用菲利普·科特勒的"撇脂策略"。不再从第一批购买用户身上获取利润,而是把第一批用户作为自己的推广种子;让最早的忠实用户能够获得额外的好处,帮助产品的推广,而让后续的跟风者成为利润来源;

3.得"屌丝"者得天下。聪明的读者问题马上又来了,这不是老生常谈么!老帕你拿全天下人都知道的事情在这里忽悠?嗯,没错,是全世界都知道。但是你知道小米是怎么做到的么?小米为什么能做到么?所以,耐心点,听老帕给你揉碎了仔细分析。这三个成功因素要倒过来看,就越看越有味道了。

在老帕眼里,小米的成功其实只做到了一件重要的事情——**为目标用户设计了一个巨大的"网络游戏"**,其他都是辅助手段。作为 IT 和互联网元老级的人物，雷教主非常了解他的目标用户——科技宅男。雷教主深知科技宅男们的心理图景、知道他们的交流方式和交流场合、知道他们的成就感来于哪里、知道他们的失落和愤怒源于哪里。了解这些常常以"屌丝"自居的人群，表面上对自我人格进行矮化和嘲弄，而实际是在社会压力之下，面对出生带来的不公正的一种无助又坚持的抗争。

我们说过，所有的人都在内心中给自己构造了一个完美高大的形象，但是残酷的真实世界不断地在破坏这个形象，所有人都需要一个空间、一种方式去修复，重塑这个完美的自我形象。

但是与《小时代》的目标人群不同，小米的目标人群以男性为主，理科背景让他们更加理性，不容易被简单的图片所打动。获得他们的情感认同需要有一个严密的流程设计。于是，开发过大量网络游戏的小米团队下意识地就创造出了一种新的模式，为目标人群打造一个"实现虚拟成就感"的路径。所以老帕说雷教主从一开始就没有想把小米当作一台手机在卖，而是在营销整个"小米平台"！注意，老帕说的这个"小米平台"并不是指的 MIUI 操作系统，也不是雷教主给资本描绘的"生态系统"，**而是一个以小米产品为标签的粉丝社群平台。**

于是雷教主把小米手机的整个研发生产上市的过程设计成了一个巨大的"网络游戏"。雷教主为他的目标用户科技宅男们，设计了一个伟大的"游戏目标"——共同打造一台我们自己的手机！把小米的社交账号做成了一个巨大的技术 BBS 平台和"网游"的结合体。为宅男们提供了一个显示自己，为自己打造虚拟成就感、重塑自我形象的空间。让目标用户在这里获得身份的认同，获得抱团取暖的机会，获得了膜拜和鼓励，获得他们在真实世界里所缺失的尊重。在这里沉淀、发酵目标用户的情感，让用户越来越依赖这种成就感，形成紧密的粉丝群体。

老帕脑补了一下小米铁粉们的心理活动：

"隔壁公司那个傻 X 二代又拿着 64G 的 IPhone4s 在忽悠我们前台的黑丝小美女了，看那孙子得意得脸上青春痘都快爆炸了。你知不知道 64G 和 16G 的内存条就差一点点价钱，一根内存条就多赚你 2000 块，真是傻 X，大傻 X！除了有个好爹你还有啥？没文化真可怕！""晚上就这个问题一定要在小米平台上好好的分析分析。""不知道小米 2 啥时候能上市啊？一定要第一批拿到，当着小美女的面好好给那孙子上上课。教教他什么是性价比，内行该用什么东西？""不说了，白痴 PM 又改需求了。写 code 去了。"

你以为小米真正关心用户帮他解决了多少个 BUG，给他提出了多少优化的建议么？No！No！No！小米只关心用户在这里花了多少时间，吐了多少口水，只关心用户在多大程度上把自己的情感代入到了这个平台，用户在多大程度上把小米手机作为自己人格的具象化实体，在多大的程度上把小米的成就当成了自己的成就。

于是，"小米的粉丝已经是高度组织化的群体"，"他们爱小米，把小米和雷军当做一种偶像崇拜"。"屌丝不再是简单的一盘散沙，他们之间有效的互动，形成稳定的结构和管理。"看到这里，年轻的读者已经敏锐地感觉到了什么。没错，不就是《征途》么，不就是"公会""家族"么。在整个"网游"的过程中，"玩家"们在雷教主的带领下共同"讨论着"克服了产品开发中的难题，一步步实现每一个阶段性的目标。大家为每一个技术障碍夜不能寐，为每一次的进步欢欣鼓舞。渐渐地，"玩家"们已经成为了小米家族的忠实成员。在大家的努力下终于所有的关卡都被打通，所有人达到了游戏的最高潮，小米手机就要正式面世了！于是大家奔走相告，将共同的成就传播到移动互联网的每一个角落。而购买小米手机的邀请码就是"网游"的奖励，新鲜出炉的 MI 手机就是那座金光灿灿的"圣杯"，就是科技宅男们可以在真实世界中炫耀的工具。用户收获到了最真实的成就感，目标、实现路径、流程节点、成就、奖励，一切的一切都是那么符合逻辑、真实可靠。用户自我形象上那块"顶尖科技精英"的图片瞬间变得无比的真实、牢固、像素极高。

于是，用户变成了粉丝，变成了小米和雷教主的信徒。他们反对一切对小米和雷教主的负面言论，无私地奉献自己的时间和精力去推广、赞美小米。在这个时候，他们的心理活动和行为表现已经和他们所鄙视的《小时代》"脑残"粉变得非常类似了。爱小米就是在爱自己，小米已经成为了他们心理图景的重要组成部分，对小米的否定就是对他们自我的否定，是在毁灭他们心中那块"顶尖科技精英"的图片；对小米的赞誉就是在赞誉他们自己，于是在各种论坛、网络媒体、社交平台上，"科技精英"们对小米产品赞不绝口，用各种眼花缭乱的数据指标反复地证明小米手机独一无二的超高性价比。

当米粉们拼命地在为小米叫好时，大量"不明真相"的群众被吸引了。小白用户看到的是一个被"论坛大神"们狂热推荐的产品："我不懂技术行情，可是他们懂啊。"这个时候，雷教主再逆向使用菲利·普科特勒的"撇脂策略"，从小白用户身上获取利润。千万不要小看这样的"逆向战术"，只把这理解为一个简单的战术手法。这种战术手法的实施，背后有着严密的思维逻辑和商业设计。菲利普·科特勒是营销学的宗师，他的理论是经过了实践论证的经典理论，经典是没有那么容易被逆袭的。

一般而言，最先上市的产品成本是最高的。而传统的电子产品厂商会将产品上市时的价格定得最高，以此快速获得利润回报收回研发成本，再逐步降低价格吸引高价格敏感度的用户。这就是传统的营销理论所说的"撇脂策略"，意思就是先捞取最上面的油水厚的部分用户。绝大部分的商品，尤其是电子产品都是采取这样的定价策略。

而小米的"逆向战术"得以实现首先基于行业特点，再次给大家分享一个行业内幕，电子行业有一个鲜明的行业特色：电子产品零件成本尤其是芯片成本的下降是一个大致确定而且可以估算出来的数据。只要你能够预估出你的产品销量和生命周期，那么你就可以把握整个产品的收入以及利润曲线。

然后就是我们说过的，移动互联网环境下用户行为和媒体环境发生的变化。用户在获得了快乐的体验，产生了快乐的情绪以后，会利用新的媒体和社交平台将这种情绪生成信息内容并传播到他的社交网络里。而社交网络中朋友推荐的商品与服务会让用户更加信任和关注。这使得小米可以节省大量的广告投入，用来补贴种子用户获取用户自传播的推广价值。而粉丝群体的形成更是放大了这样自传播的价值。

掌握了这两个特点，小米才得以实施"逆向撇脂策略"。所以千万不能把小米所宣称的"让用户尖叫的产品"简单地理解为用低价吸引用户，这里面包含了非常重要的模式创新。在这点上，老帕再一次被小米和雷教主的颠覆性的思维、创新的能力所折服。

于是小米粉丝惊喜地发现，与所有同类产品不同，小米手机的价格始终与当初他们购买时保持一致！这更加强化了他们认为"优先购买邀请码"是对他们努力的真实奖励，而不是商家虚伪的促销手段。米粉们心理图片被再次强化，快乐的情绪被再次激发出来，继续为伟大、真实的胜利欢欣鼓舞，继续为小米和自己的成功而喝彩。

通过这样的运营，小米团队不断强化目标用户的"身份的认同"，强化他们的成就感，强化产品的情绪因素，让产品的销售变成了对粉丝用户的奖励，让他们在炫耀中狂热地分发小米产品的正面评价，靠这些用户的口碑来实现用户的自传播，吸引后续"不明真相的群众"围观和追捧，为自己创造了源源不断的免费流量。在粉丝们的赞美声中，雷教主和小米立刻插上了移动互联网的翅膀，飞越了所有"流量经营者"设置的壁垒，立刻收获到了移动互联网红利，做到了：让小马哥当客服，让强哥做搬运工，让马总做营业员，让李大帅哥做促销。小米心安理得地享受他们提供的优质免费服务，而丝毫不担心落入"性价比"的红海。看到这里，你还会觉得老帕说的**"只使用他们的免费服务，不花钱购买他们的广告位置！只做信息的贡献者，不做流量的用户！"**是在忽悠你，是不可能实现的目标么？

于是，小米迅速成为了"粉丝经济"的成功案例。雷总上升到了与乔布斯一样的高度，被尊称为"雷教主"。《参与感》和《乔布斯传》一起被供奉为创业的经典，变成了移动互联网时代的创业教材。和大家一样，爱学习的老帕也买了一本《参与感》并怀着膜拜的心情读完了整本书。说实话，刚看完书的时候，老帕的第一感觉很生气，有一种被愚弄的感觉。老帕觉得整本书语焉不详，漏洞百出。书中大谈特谈提高用户"参与感"的办法就是让用户参与产品开发，用户关于设计和产品改进的建议是多么的重要。让用户帮着一起干活？干着干着用户就成了"粉丝"了？开发一款手机而已，你们上百人的团队做不来这么简单的事情？团队里面有好多都是老帕的前同事，都是在外企有多年经验的高级技术人才。技术负责人周博士可是响当当的行业大牛啊！凭什么你一款没品牌没知名度没啥技术含量的 OEM（OEM 是英文 Original Equipment Manufacturer 的缩写，指一家厂家根据另一家厂商的要求，为其生产产品和产品配件，亦称为定牌生产或授权贴牌生产，即可代表外委加工，也可代表转包合同加工，国内习惯称为"协作生产，三来加工"）手机上市还要凭邀请码？还要专门设计程序防止黄牛刷票？你们是当用户傻？你们在封面上画只猪是为了嘲弄我们么？

在做完"粉丝经济"的相关研究以后，老帕弄明白了《参与感》的秘密。《参与感》并不是小米高层出于无私的情怀，将成功的创业经验奉献给大家。抛开可能存在的资本运作目的不谈，《参与感》这本书才是真正的小米二代产品，是雷教主情绪产品的高阶版本，是雷教主继续提高粉丝成就感的工具。小米团队用这本书将整个产品故事提到一个新的高度，提到了新理念、新模式的高度。雷教主通过这本书再次告诉米粉们：你们不仅参与了一件伟大产品的开发过程，你们更参与了一件伟大的事业，一件改变世界的事业，一件引领了科技和行业变革的事业。所有的科技精英不都是梦想着能够"改变世界"么？你一个人也许没有办法改变世界，但是与小米一起就可以改变世界，而且我们已经改变了世界！

《参与感》的推出，让米粉们重温了那个伟大的时刻。再次唤醒了用户的那些快乐的回忆。更是将用户的"自我图片"提到了一个新的高度，让米粉们获得了更高阶的心理成就感，激发了用户更加兴奋的情绪；同时，在手机逐渐过时失去炫耀价值的时候，这本书的推出也让米粉们有了新的炫耀工具，收获了另一座更加璀璨的"圣杯"。

从这个角度上说《参与感》和《小时代》电影的目的一样，都是用"文化产品"在为目标用户提供"心理图片"、造梦的工具。而我们又一次成了"不明真相的群众"。不是么？要不，你觉得黎万强先生真的就那么有空，专门为了给你们答疑解惑写一本书？要知道，写一本书是一件非常辛苦的事情，尤其是要写一本关于商业逻辑和思维模式的书，那简直是一个字一个字地跟自己在较劲（呵呵，这句话就当老帕为自己写的吧）。

既要让"科技精英"们觉得内容真实可信，收获"高保真"的成就感，又不能把公司的运营机密和核心战略模式说出去。所以，《参与感》就变成了一本遮遮掩掩、掐头去尾的"四不像"了。也真是难为黎万强先生了。但是，在这样藏头露尾的文字里面，我们依然能发现一些真实的东西。老帕就为你挖掘一下这些藏在文字背后的真相（这句话好熟，好像是鲁迅说过的？）：

《参与感》三个字说的就是"参与的感觉"，就是让你的用户觉得他在参与，给他制造参与的感觉，这种感觉越真实越好。用户投入的时间越多真实感就越强。

"那时候，我们做产品非常重视'里程碑式'的项目管理。比如大型办公软件WPS和大型游戏《剑侠情缘》，都涉及大量底层开发工作，数年才发布一个新版。每个版本会设置M0、M1、M2到M3等若干里程碑节点，每个节点跨度都在半年以上。"

——《参与感：小米口碑营销内部手册》

从一开始就告诉你了："我们其实是做游戏出身的。"

"通过小米创业的第一年，已经充分验证了：第一，通过用户参与能够做出好产品；第二，一个好产品通过用户的口碑，是能够被传递的。这就构成了小米后来很重要的两点：第一是和用户互动来做好产品，第二是靠用户的口碑来做传播和营销。这是小米的核心点，我们把用户的参与感看成整个小米最核心的理念，通过参与感我们来完成我们的产品研发，来完成我们的产品营销和推广，来完成我们的用户服务，把小米打造成一个很酷的品牌，就是年轻人愿意聚在一起的品牌。"

——《参与感：小米口碑营销内部手册》

第一句，继续拍粉丝马屁；第二句才是实话，靠的就是用户的口碑来做传播和营销。你以为重要的是第一点，其实小米要的是第二点。

在最后，雷教主可能也觉得有点太不厚道了。所以提醒读者："不要用战术上的勤奋掩盖战略上的懒惰"。这句话就是在提醒大家不要去简单模范小米的战术手法，因为你并不了解小米的战略思维，而这是小米最核心的机密，是不会告诉你的。

在这里，老帕再次给想要模仿小米的朋友们提个醒，在你准备学习一种成功商业模式时一定要保持非常清醒的头脑。千万不能简单地去模仿战术技巧，一定要充分理解这种商业模式背后的思维逻辑是什么样的，与自己所处的行业做仔细的比对。如果你不能像雷教主一样对某一类人群有足够深刻的理解，没办法像雷教主那样给产品注入情绪因素，没法设计出环环相扣的流程来发掘、沉淀、发酵、转化用户的情绪，没法获得某个用户族群在心理上的强烈认同。那所有的模仿与抄袭都会变成自己的悲剧，别人的笑话。雷教主的好基友、最忠实的信徒，凡客的陈年先生就是典型的代表人物。在互联网成功学大师金错刀认为凡客学到了小米模式的本质，掌握秘密武器绝地重生之后。"激情四射的老男人"陈先生依然是在互联网营销的海洋里沉沉浮浮，欲仙欲死，一直在寻找那个光明的彼岸……这是为什么呢？

傻呀你？你见过几个"屌丝"天天穿高支棉衬衫的？"屌丝"穿大体恤的好不好？连周教主都不会好好打领带的。

　　但非常可惜的是，在小米手机产品获得了巨大成功之后。雷教主和小米高层马上抛弃了"科技精英"们。在后续产品的运营上没有继续坚持成功的路径，而是过快地将产品线进行纵向和横向的延伸，回到了用性价比争夺市场规模的老路上。雷教主在 2015 年初"两会"期间称："作为互联网公司，我们最在乎的其实就是用户量，所以我们的目标不是像他们一样，一个季度要挣 180 亿美金的利润，我们的目标是在十年时间里面能不能成为市场份额第一的互联网手机公司。"为了达到销量增长的目标，小米迅速地剥离了身上的科技"屌丝"标签。让小米后续产品的情感标签、情感属性变得越来越模糊。当小米 2 定价 1999，口号还是"为发烧而生"的时候。为了抢占低端市场，雷教主迅速推出了 699 的红米。在营销方式上不仅回归到传统电商渠道，还进入了电信运营商渠道，并马上成了低端标配。当广场舞大妈也掏出来 MI 手机播放凤凰传奇，门房秦大爷也精神矍铄地拿 MI 手机看小电影的时候，铁杆米粉同学们的世界迅速崩溃了。雷教主，"屌丝"也是有尊严的好不好？"屌丝"也不能用山寨机啊？我们的"圣杯"就沦落到这个地步了？你让我还好意思去前台妹妹那里说话么？至此，所有的竞争对手大大出了一口气。大家又回到了同样的战场上，这个市场只是多了一个玩家而已，那个可能的颠覆者不存在了。失去光环笼罩的小米手机，质量、专利、品牌的弱势暴露无遗。而雷教主一再对外声称的小米生态"硬件＋软件＋互联网服务"也失去了光环。2015 年上半年，小米手机销量为 3470 万台，同比增长 33%，尽管如雷教主所言"跑赢大势"，但从数字上看，小米自 2011 年以来，首次出现了半年销量环比下滑的状况。也许雷教主并不想做出一个真正的移动互联网品牌，而只是想将小米的品牌价值快速变现罢了。小米手机泯然众人矣……

"三个爸爸"到底成功了什么？

注意，老帕说的是："三个爸爸"到底成功了什么？而不是说的："三个爸爸"到底为什么成功？

2014 年 9 月 22 日～10 月 22 日，一款以"三个爸爸"命名的儿童专用空气净化器在京东众筹创下国内首个千万级众筹记录。市场一片沸腾，所有人都在打听到底是什么造就这款产品的"成功"？老帕摘录了一段对于"三个爸爸"成功原因比较流行的评论：

"'三个爸爸'搭乘移动互联网顺风车，找准精准用户，建立社群，用重度垂直的思维和用户进行深入沟通，并提炼出用户的关键痛点，作用于产品设计，从而打造出孩子专用的净化器。同时，'三个爸爸'利用互联网的方式做营销，用极其少的营销成本，迅速建立口碑和品牌，并创造了中国第一个千万级众筹的纪录。"

——品牌中国网"'三个爸爸'如何创造中国第一个千万级众筹？"

如果你信了、学了，那么你就傻了！坦白地说，所谓的用户参与设计并没有让这款产品从功能或者是品质上有什么突出之处。曾经有一位同类产品的生产者很是不满意的给老帕说，他的产品无论是在价格还是在品质上都比"三个爸爸"的产品强多了，销量比他们要多不只一个零。先不论他说的对不对，让我们看看"三个爸爸"联合创始人兼 CEO，曾任职婷美的戴先生是怎么解释他们的成功的。

"定位窄了主要是 0~10 岁儿童的家庭，但是这个人群对空气质量是更有痛点。定位窄了，也使我们聚焦了人群，真正找准用户痛点，用产品打动用户。窄定位反而增强了初创品牌在行业领域的竞争力。我们的情怀是来自父母对孩子的爱。在新闻发布会上我没有过多地去谈产品的机理和功能，而是讲了我们创业的初衷和经历，分享了与孩子相处的小故事这反而真正地打动了大家。"

"首先我们虽然不是有意识的，但是我们是把用户当成故事人来看待，跟他沟通我们的情怀、情感，再把我们创业之初一群爸爸为孩子做净化器这个事情讲出来，而且放大。使'情怀'始终贯穿我们品牌宣传和传播之中。作为一个带有情感的品牌，你的品牌实际上包含了父母对孩子的爱，这是大多数用户注意我们的原因。走到今天，我越来越感觉我们的情怀真的是打动每一个用户的关键。"

"用户调研也是开了微信群，做儿童专用净化器必须调查父母。我们寻找了 700 多位父母，在群里互动、抛问卷、发红包、说与孩子相关的健康资讯、把我们的问题放在群里讨论。我们找到了 12 个我们能够解决的用户痛点，来主导我们的产品研发。"

"我们付费给 XXX 让他们负责我们的传播。"XXX"做产品推广需要成功的案例，而'三个爸爸'有机会成为成功案例。两者之间有着很多的互利互惠关系存在。

"要做一个高质量的社群就须要设置门槛；你必须给参与者提供物质和精神上的回报，让他们有一种超值的体验；社群一定要做成一个好的平台，参与者不但是能从官方获得信息，也能够从其他社员哪里获得信息。"

——摘录于网络访谈 UCloud-CEO 说－创业微课堂

与之前我们说过的小米模式非常雷同。

首先给产品注入了情绪因素。注意，老帕再次强调是情绪不是情怀。"情怀"只是说给目标用户听的宣传口号，是为了激发目标用户情绪的工具。人家也就是说说，你也将就听听。如果你不是目标用户，却要把口号当作商业模式，只是简单地从项目创始人的表述上去理解商业模式，那老帕也只能呵呵了。

"父母对孩子的爱""父母对孩子的保护"作为一种情怀听上去很不错，但还不够强烈，不够激发用户的情绪。只有激发出"情绪"才能让用户放弃性价比，愿意和你一起去完成一项挑战和任务。那么在这情怀背后的情绪是什么？如果你看过蔡静女士的纪录片《穹顶之下》，你马上就能理解这种情绪。

"在雾霾严重的时候，我们至少有一件事情可以做，就是保护好你自己和你爱的人。

"我们不可能改变自然条件，我们只能改变我们自己。

"一个人知道了自己做的一点点事情，可以让事情本身变得更好，他心里面就能够踏实了。"

——摘录自蔡静纪录片《穹顶之下》

　　蔡静女士的纪录片《穹顶之下》为什么能打动那么多都市年轻父母，除了那些触目惊心的画面与数字，在整个纪录片里面充满了一种悲愤的情绪。这种情绪是一种无力感，是一种愧疚，是一种无处发泄的愤怒。是当一个父母在看见自己的孩子在时时刻刻受到伤害但无能为力的愧疚；是对那些伤害我们孩子的行业，不良的社会现象的愤怒。再说得透一些，就是这样的无力感、愧疚感不断地在伤害这些父母在自己的内心中给自己定位的完美父母的形象。完美的好父母"自我画像"在崩溃，家长们迫切地需要做些什么去修补这张画像的缺失部分。

　　这种不良的环境状况长期存在于华北等地，这种情绪也在一直积累。尤其是在大城市中初为父母的年轻白领们，更是完美体现了这种情绪。从某种程度上，"三个爸爸"找到了另外一个"屌丝"群体。找到了目标人群和需要的情绪反应，接下的事情就简单多了。

　　与小米的手法一样，找到一些生活在北京的0~10岁孩子的父母，建立起这样的沟通平台。这个太简单了，这个人群很大很大，几百个人很容易找到。然后，还是和小米一样的手法，用QQ等社交工具聚拢这部分人群，通过在这个群体里说些与孩子相关的健康资讯、不断地提醒年轻父母们注意心理图片的缺失（牙医的钩子），不断地强化、重复和传染这种无力和愧疚情绪。在目标用户的情绪达到足够强度后，将讨论引向该如何做出一款好的产品才能够保护我们的孩子，开始为年轻父母修补"自我画像"提出了一个可以实现的目标，给这些愧疚、愤怒的父母们建立起一种希望，给予他们能够通过自己的努力改变现实的希望，能够做些事情让自己的内心好受一些的幻觉。正如蔡静女士所说的：知道了自己做的一点点事情，可以让事情本身变得更好，心里面就踏实了。在这样的目标鼓舞下，年轻父母们热情高涨地在群里讨论、建议、聊天。非常非常努力地通过**"说产品"**来寻求参与感（参与"游戏"的感觉）。在说的过程中，年轻父母的情绪得到释放，心理压力达到缓解，"做一款好的空气净化器"与"做一个有能力保护孩子的好爸妈"逐渐融合在了一起。在互相的交流和相互感染下，成为了思想越来越简单、统一的群体。在这样"说产品"的过程中，也许某些用户需求真能让设计者找到产品可以改进的地方，能给设计者带来一些新的灵感，但这些只是附带功能。最后，更是采取众筹方式再次提升了这种情绪反应，变现了这种情绪。让产品的销售过程看起来不再是卖产品，而是共同为一件有意义的事情在付出，在齐心协力为我们的孩子做些事情。我们无法改变大的环境，但我们不是无能的父母，我们依然有能力保护孩子，让孩子们过得更安全。在这样的过程中，实现"自我画像"的重构，实现情绪的转变和强化。在这样的"抱团取暖"过程中，用户逐渐成为了群体。

当然在这里面，创始人原有的人脉也起了很大的作用。"三个爸爸"曾多次在朋友圈求助好友给与他们支持、宣传和背书。比如江南春、包凡等人都成为了天使用户，这和小米上市前，陈年等人摔手机的路子也是一样一样的。

"戴赛鹰认为创业是前半生人脉的释放，在朋友圈形成很强的影响力需要三个背书：名人或者明星帮忙发声，权威人士帮你站台，熟人给你做口碑，这三个背书结合在一起，通过强关系的朋友影响中关系的朋友，朋友圈才可以爆发强大力量。"

——摘录于网络访谈

与此同时，事件营销也必不可少。除了抓住了央视给十大净化器品牌做了测试，得出"除甲醛几乎无效"的热点，项目团队制作病毒视频，不断去进行传播。又在众筹过程中与著名演员进行辩论"空气净化器是不是精神产品"；北京马拉松期间三个爸爸背着净化器上街跑步，上微博传播，引起吐槽。无一例外的都是为了强化那种："我们无力去改变现实，为了保护好自己爱的人；我们只能改变我们自己；我们做一点点事情，就可以让心里面能够踏实了。"的草根悲情色彩。

　　但是在所有评论"三个爸爸"如何成功的文章里面，大家都有意无意地忽略了这样一个事实。从产品角度，到底这算是成功么？正如老帕那位做同类产品的朋友所说，"三个爸爸"整体的销量在行业里面连零头都算不上，我们也没有再看到"三个爸爸"继续推出更加得到市场认可的系列产品，至于传说中的"儿童智能生活馆"的线下体验店更像是在资金的推动下失去方向的无奈之举，从这个角度上说，"三个爸爸"更多的是将整个创业故事做成了一个成功的移动互联网营销事件。

　　但是对于我们来说，"三个爸爸"依然是有价值的，这种价值就在于：帮助我们再次在一个细分市场上简略地复盘了"网游"模式；帮助我们更加清楚地了解在移动互联网时代如何实现低成本创业；证明了如何运用移动互联网的思维逻辑在"红海"行业中突围；让我们有完整的案例去分析该怎么理解用户，怎么把握细分人群，产品与用户是怎样结合在一起的，如何利用新的媒体环境激发传播效果，如何利用新的社交工具与用户互动，如何让用户成为粉丝社群，以及最终如何变现的过程；为我们展示了一条在新的移动互联网环境下，如何低成本创业，快速建立品牌，实现产品突围的过程。从这一点上说，"三个爸爸"比小米更具有参考和借鉴的价值。

　　自此以后，"三个爸爸"被当做了互联网营销的典范。更是作为"社群营销""事件营销"的经典案例。但很可惜的是，大多数的人都只看到了具体的战术实施，只看到了拉QQ群、微信群、抛问卷、发红包等与用户互动的手段，只看到了吸引眼球的事件炒作，却忽略了商业模式背后的思维逻辑。也正是这种原因,让很多的"社群营销"变成了朋友圈转发广告、拉人头发展下线的手段。"事件营销"变成了为了吸引围观而越来越低下限的裸体聚会。

第七章

"非"移动互联网模式

　　这是最得罪人的章节！有朋友劝过老帕，能不能把观点尽量说得婉转一点，少得罪些人。但是老帕觉得，有观点就应该明确地亮出来。哪怕老帕的观点有瑕疵，也至少是给大家提供了一种考虑问题的新方法、新角度。

　　今天，在整个市场环境即将发生颠覆性变化的时候，很多新的思维方法和商业模式在不断涌现，带给了我们很多的创业灵感。这些新模式有些符合移动互联网带来的市场与用户行为变化，是真正的移动互联网商业模式。正如上文中说过的粉丝经济和小米模式。但还有一些模式，虽然也利用了新的媒体平台、新的社交工具、模仿了新的营销手段。但是由于其商业逻辑还是基于传统的互联网时代"流量经营"思维模式，不能被认为是移动互联网商业模式，只能称之为"互联网＋移动"模式，或者"伪"移动互联网模式。

　　但是，老帕也不认为流量思维模式的互联网创业项目在今天就没有成功的可能性，也不认为这样的项目就没有投资的价值。老帕所在的基金也投资了不少这样的项目。因为在我们当今的市场里面，还有很多的行业并没有完成互联网的改造，譬如一些工业、制造业等领域。要不，李克强总理也不会将"互联网＋"作为重要的发展方向。但是对于一些已经高度实现了互联网化的行业，尤其是直接面对普通用户（to C）的产品和服务，我们要想走出一条突围之路，那么就必须采用更适应环境变化的商业模式、更先进的战略思维。

　　"情绪思维"是老帕认为移动互联网时代最重要的商业模式，没有之一！

　　在老帕看来，移动互联网商业模式必须具备以下几个特点：
- **把用户看做是一个有感情的人，而不是笼统、抽象的消费者；**
- **商业逻辑基于情绪思维而不是流量思维；**
- **给用户提供的是满足情感需求的体验过程，而不是满足功能需求的性价比产品。**

"互联网＋移动"模式

广为流传的"痛点思维"和以此诞生的"O2O模式"在老帕看来就在是这样"互联网＋移动"的商业模式代表。老帕这么说，并不是在批判和否定这样的思维和商业模式。毕竟这是利用了智能终端带来的技术革新和技术进步，寻找到了新的流量入口，还是具有一定商业机会和商业价值的。只是在老帕看来，由于其来源于传统的互联网流量经营模式，只是互联网模式的升级，所以在品牌号召力、体量、运营经验、资本规模、市场认可度上都很难与现有的互联网巨头们竞争。天生就处在劣势的竞争地位，不具有颠覆性的能力。当然，迅速将流量入口做大，寻求被巨头收购，成为巨头们的业务模块之一也是可行的成功路径。

痛点是个"伪"需求?

禅宗六祖惠能于黄梅得法后，至广州法性寺，值印宗法师讲《涅槃经》，时有风吹幡动，一僧曰风动，一僧曰幡动，议论不已，惠能进曰：不是风动，不是幡动，仁者心动。佛曰：命由己造，相由心生，世间万物皆是化相，心不动，万物皆不动，心不变，万物皆不变。

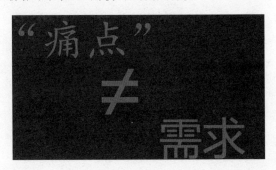

很多创业者都有这样的经验，当你背着项目 BP 见风投的时候，几乎每一个投资人的提问逻辑都是这样的："目标用户痛点是什么？"

而对于痛点很多人的理解基本上都是这样的："痛点的本质，是用户的刚性需求，是未被满足的刚性需求。"

于是创业者回答：用户上下班高峰时间打不到车是痛点……；用户买不到放心的某某产品是痛点……；用户孩子放学没有人照看是痛点……；用户下班晚买不到菜是痛点……；用户想吃小龙虾又不想出门是痛点……；用户想在家请客不会做饭是痛点……用户洗车要排队是痛点……然后，你还要费尽口舌地解释这个痛点有多么"刚"，用户痛得死去活来，不解决的话用户日子简直就没法过；还要说明这个痛点有多么最"高频"，用户简直天天痛，时时刻刻都痛。

如果你完美地找到了这样的痛点，那么接下来投资人会问："你的目标用户是谁？""市场规模有多大？"创业者一般会解释，这种痛点涵盖了多么多么广泛的人群，上至 80 老头下至 3 岁小朋友都为这个痛点在着急。

然后，就是："你的解决方案是什么？"回答一般是这样的："我们通过 XXX 的办法，链接了 XXX 和 XXX，为用户提供 XXX 的新型服务，用户的问题得到解决，用户就不痛了。"最后，如果你能够说明，你的解决方案足够轻（就是少花钱），护城河又足够深（能防范 BAT 抄袭），那就更完美了。商业模式就是：先做出一款性价比绝佳的产品或者服务，让用户看了就会尖叫。亏钱不怕，先烧钱培养用户使用习惯，让用户依赖我们的产品和服务。再补充一些大数据分析、建立新的场景、流量入口之类的愿景，基本上就是"羊毛出在狗身上，让猪买单"的路子。

基于这样的逻辑，市场上出现了很多新型的创业项目，尤其以各种 O2O 项目为主，都是在用各种方法诠释这种"痛点模式"，基本上都是以手机的 LBS 功能作为解决"痛点"的方法。

每次一听到这样的项目，老帕的脑袋就有点大。

这是在说"痛点"么？这明明说的是需求与供给的失衡，说的是细分市场出现的新用户需求，我们用了怎样的新办法、新技术、新模式去满足这样的用户需求。所以老帕在看很多的 BP 时候发觉，"痛点"和"需求"这两个词是可以互相替代的。包括很多现在看上去很成功，估值很高很高的项目。从这个角度上理解，"痛点"思维还是一种"产品思维"模式，依然是在通过技术手段为用户需求寻找新的解决方案，搜寻新的流量入口，还是一种"流量经营"的商业模式。所以老帕就一直对 O2O 不感冒。

让我们严谨一些，看看医学上对于"痛"是怎么定义的。

疼痛感，也常常简称为痛感（英文 nociception，源自拉丁语中的"伤害"）、疼痛（Ache；pain；soreness），是引发疼痛的刺激从受创部位或者病灶部位发出并传导至中枢神经、使人产生疼痛感知的过程。疼痛是人们求医问药的最常见原因。但因疼痛是人的主观感觉，只能靠患者自诉，其他人才知，否则，他人难以清楚究竟发生了什么，因此很难对它下个定义。疼痛研究国际协会对它的定义是："是与实际或潜在的组织损伤相关联的不愉快的感觉和情感体验。"

——百度百科疼痛感

"痛"是什么？痛是一种不愉快的感觉和情感体验。"需求"与"痛点"的区别就像疾病与产生的疼痛感一样，是两个范畴的问题。

在这里，很多朋友会想老帕太矫情了吧，在这玩文字游戏呢。呵呵，这还必须矫情一下，分清楚这两者的区别，我们才能分清不同的解决方案，才能对比这两种不同解决方案背后的思维模式和商业逻辑。

我们先看"需求"。从具体的"需求"出发，那么我们的解决方案就是提供产品或者服务去满足这样的需求。我们需要做的就是用技术上、商业上的手段让目标用户能够接受产品和服务。在成本过高，竞争力不足的时候降价促销、补贴用户自然就成为了最主要的推广手段。这就又回到了比拼"性价比"的产品思维路子上去了。

老帕一直有一个观点：越是广泛、高频、刚性的需求，越是能让用户感觉到强烈疼痛感的需求，在其背后一定有非常大的社会问题，满足这种需求的难度往往是非常大的。企业在提供这种服务的时候所面临的风险也会随之增大，这种风险不仅仅体现在需要巨额资金的投入，更有可能引起一定范围的社会冲突，面临很多不可预估的政策风险。比如现在被公认为最成功的O2O案例"滴滴、快的"。在其发展的过程中，一直伴随着与监管部门、出租车司机等相关群体的冲突。从这个角度上说，老帕觉得部分风投机构所追求的"广泛受众，刚性，高频"的痛点是个伪需求。这种"痛点"往往是深层次的社会问题，是需要在国家和政府层面上解决的问题。

而作为一个企业，去解决这样的社会问题，投入自然是非常巨大的。"滴滴"和"快的"为了能培养用户的使用习惯，双方花掉了几十亿人民币补贴用户，之后只能无奈地进行合并。合并后项目盈利遥遥无期，甚至到现在都无法给出一个让人信服的盈利模式。这样对用户的补贴真的有价值么？真的能形成所谓的用户依赖么？老帕一直强调，当你把自己定义为一个"高性价比产品"提供者的时候，用户就成了消费者，是用冰冷的眼光在审视你的产品和价格，是在理性地作出最优化的选择。在高额的补贴之下，消费者是抱着占便宜的心理去使用你的产品和服务，一旦你的补贴取消，消费者只会将你的产品作为选择之一，只会根据他自己的判断作出对他最有利的选择。所谓的用户依赖、使用习惯养成根本没有任何依据。消费者又不是巴普洛夫养的狗，不打铃还真的就吃不下饭了？

当然，还有推广移动支付方式、大数据、新的应用场景等额外价值，后续收益的前景展望。对此，老帕只能说要是真是为了这些个目的，你直接花钱买用户就好了嘛，绕那么大个圈子、费那个劲干嘛？

据说，下一阶段"滴滴、快的"的融资计划是 30 亿美金。

而那些诸如带孩子、买菜、送小龙虾、在家请客、洗车排队之类的"痛点 O2O"项目，往往是要么需求出现频率太低、要么有太多的替代性产品和服务能够满足。频率低，服务集约化就很难实现，成本就高；替代性产品多，就不可能从用户那里收取更多的溢价。而我们看到很多"痛点 O2O"项目恰恰两种特点都具备。"肿么办？"补贴呗！于是我们看到了各种"一元洗车""9块 9 上门做菜"等层出不穷。用户说："有便宜不占王八蛋！"。当你没钱继续补贴，希望用户开始给你带来回报的时候，用户说："不便宜还用是傻蛋！"下面，下面就没有了。当然，老帕还是要替大伙儿感谢这些项目的创办者、投资人的，是他们的无私奉献给人民群众带来了大量的实惠和方便，他们是新时代的活雷锋！

正是因为这种"痛点 O2O"商业模式是基于互联网时代的"流量经营"思维模式，所以我们发现一旦某一种"痛点"被证明具有市场价值的时候，现有的互联网巨头企业立刻采取扶持新的参与者，或者干脆自己撸起袖子成立分支部门参与竞争。于是我们看到，一旦巨头加入，原有的 O2O 企业立刻溃不成军，纷纷举旗投降接受招安。原因很简单，你是在别人的战场上、用别人的战术、在抢夺别人的用户，唯一不同的可能是你的队形比别人强点，一旦被模仿那你就什么也不是了。而那些被资本的风口吹起来的"不痛不痒"O2O项目的大量倒闭，原因就是资本和市场看清楚了这些新的流量入口过于昂贵，价值太低。

但我们能不能先跳出"产品思维"的固有模式，先不要让我们的眼光被实际的需求所局限？不要急着去满足需求，去提供高性价比的产品行不行？正如上面的医学解释，"痛"是什么？"痛"是一种不愉快的感觉和情感体验。我们能不能先关注一下"痛"本身呢？想通了这一点，更多的解决方案就自然产生了。

老帕在前面的文章中说过，用户产生的情绪正是我们需要的东西，不论是正面的还是负面的，这种情绪就是我们在移动互联网时代最主要的资源。而引导、沉淀、发酵、转化、传播和变现用户的情绪就是新的商业模式。

还想不出来？当小孩被板凳绊倒了，摔痛了开始大哭的时候，你会怎么做？在这个时候，"伤害"是事实，"疼痛"是不愉快的情绪反应，大声哭泣是这种情绪的表现。

1. 去医院或者自行处理伤口——直接解决需求；

2. 揉揉——安慰；

3. 给个糖——补偿；

4. 看外面的花朵多漂亮——转移注意力；

5. 板凳是坏蛋，打他——转嫁仇恨；

6. 给妈妈说说——分享；

7. 下次要注意——学习提升经验；

8. 宝宝是奥特曼，坚强的孩子不哭——心理暗示；

9. 一起把板凳搬开——共同努力，一起解决问题。

这几种不同的解决方案各代表了什么样的思维逻辑？

去医院或者自行处理伤口就是一种最直接满足需求的方式，解决的是"伤害"这个实际的问题。但是这只是解决"疼痛"问题的一种方法。所以聪明的家长会通过安慰、补偿、转移注意力、转嫁仇恨等方式解决孩子"疼痛"的问题。这些就已经跳出了直接满足需求的范畴，而是寻求转化情绪的方式解决问题。而一部分更聪明的家长发现了"疼痛"这样的情绪所带来的教育机会，通过引导分享、心理暗示、鼓励学习、鼓励共同解决问题的方式，让"伤害"带来的"疼痛"变成了加强亲情、培养和教育孩子的机会。"疼痛"不再是麻烦，而转变成了新的机会。

当然，这只是举例，我们在实际的商业运营中会复杂得多。还有很多的具体工作要做，我们在下面会逐步地展开。老帕在这里想给大家的建议就是：跳出传统的"产品思维"定式，不再做"性价比"商品的提供者，而要用移动互联网的"情绪思维"寻找解决问题的办法，你会发现一个完全不一样的广阔天地。

"爆品战略"到底"爆"了谁？

在移动互联网的今天，还有一些"新思维""新模式"也是在重复互联网时代的流量思维概念，老帕认为并不能代表移动互联网时代的特点。比如，金错刀先生的"爆品战略"，老帕搜寻了一下"爆品"这个词的来历，最早应该是出现在小米联合创始人黎万强先生的《参与感》一书。

构建参与感，就是把做产品做服务做品牌做销售的过程开放，让用户参与进来，建立一个可触碰、可拥有，和用户共同成长的品牌！我总结有三个战略和三个战术，内部称为"参与感三三法则"。

三个战略：做爆品，做粉丝，做自媒体。

三个战术：开放参与节点，设计互动方式，扩散口碑事件。

——黎万强《参与感》

借着小米的成功和《参与感》的风口，据说是小米首席、唯一、创新顾问的金错刀先生迅速将"爆品"打造成了一种战略。老帕拜读了大量金先生的干货文章后才弄明白，原来金先生所说的"爆品"就是淘宝的"爆款"嘛，所谓的"爆品战略"不就是淘宝卖家常说的"打造爆款"促销手段么？这好像应该是马云先生的专利，怎么就变成了小米的成功法宝了？又不知道什么时候开始提高到了战略高度，变成了一种最新型的"互联网战略思维"。当然，金先生肯定不会同意老帕的这种说法。不过，大家可以对比一下词条解释，自己做个判断。

"爆款"是指在商品销售中，供不应求、销售量很高的商品。通常所说的卖得很多，人气很高的商品。广泛应用于网店，实物店铺。在一整个打造"爆款"的活动中，商家其实是在扮演一个"催化剂"的角色，可以为店铺吸引更多的流量，把将要"爆款"的商品更好地呈现在用户面前，刺激买家的购买欲望，促进了成交。

——搜狗百科词条"爆款"

老帕学习了金先生的"爆品战略"，摘取了以下这几个核心点分享给大家：

爆品战略：微创新 3A 法则
痛点法则（找风口、一级痛点、数据拷问）；
尖叫点法则（流量产品、做口碑、快速迭代）；

爆点法则（核心用户、用户参与感、事件营销）。

——节选自金错刀先生在各大媒体上的发言

非常精辟、高端又有强烈科技感、时尚感的三大法则。让老帕帮大家翻译一下，用简单的大白话来解释一下金先生这三大法则到底在说些什么：

● 首先，你必须找到一种神奇的用户需求，最好是用"大数据""云计算""智能机器人"这样最高端的技术分析出来的；

● 这种需求一定是用户最想被满足的，不满足这种需求，用户的日子就简直没法过，就痛得死去活来；

● 别人都瞎了，都发现不了这种需求，就等你来拯救用户了；

● 找一堆有这样需求的用户，大家一起来设计一款产品。最后这种产品设计出来一定是杠杠的，完美地满足了用户的需求，试用了的人都说好；

● 这种产品还必须得是经常使用的，好像纸内裤那样一天换一条；

　　■ 这种传说中产品"性价比"一定是最高的；

　　■ 要么是价格特别便宜；

　　■ 要么是性能最好；

　　■ 要么干脆是价格最便宜，性能又最好；

　　■ 反正不管咋说，谁看了都觉得"值"！所有的用户看到了就会追着赶着说："我要！我要！我要！"

● 找一件事情或者编一件事情，一定是能吸引眼球的，有多怪要多怪，越离谱越好！让这神奇的产品出现在事件当中；

● 再找一堆人到处宣传："快看快看啊！某某出大事啦！""哪里哪里的太阳从西边出来啦！"

● 于是所有围观看热闹的人就都看见你这件神奇的产品啦！

● 这么好的东西还不得抢购啊？别，我还要限量。一个身份证就能买一个，一天就卖 10000 个。买不到明天早点来排队；

● 从此以后你的生意红火的不得了，天天在家里面数钱玩。各种投资机构追在你屁股后头要给你钱，不到两年公司就登陆纳斯达克、上证 A 股。你的身价轻松破百亿，还是美元。

然后，再然后……你就该起床上厕所去了。

你真确定这样的需求能被你找到？你有本事满足这种需求？

不说你到底能不能找到那样又"痛"又高频的需求，到底能不能打造出那件传说中的产品。单从营销手段上来说，"爆品思维"也只是传统营销手段的一种翻版而已。说简单些就是用一件高性价比的产品吸引用户，让大家都觉得这件商品很便宜，然后把这个信息散发出去吸引更多用户。这样的商业行为我们见过的还少么？

老帕现在就帮你描绘一个场景画面，看你能不能脑补出这是一件什么样的事情？

"新鲜上市的草鸡蛋减价啦！ 1 斤只要 0.49 元！"

"精排骨只要 5.99！"

锣鼓震天，彩旗飘飘。一排巨大的红色气球飘舞在空中；

硕大的舞台上，一群比基尼少女在卖力地扭动着身体。

边上的主持人不停地在喊"49！ 49！拿 49 元的购物小票就能参加砸金蛋，中大奖！大奖是 49 吋平板彩电 1 台！还有电脑，洗衣机，冰箱！送完为止，先到先得！"

大爷大妈们疯狂地抢着鸡蛋和排骨。挤不到前面的还要互相推搡，高声尖叫。

导购小姐拿着喇叭在喊："5斤，5斤！鸡蛋，1个人只能买5斤！多了收银台不给结账的！"。

抢到了鸡蛋的大妈还在呼朋唤友："快来、快来、晚了就卖光了！"

熟悉吧？没错，超市开张的时候都是这么搞的。"高频需求"，"性价比让用户尖叫的产品"，"吸引眼球的事件"，"饥饿营销"，"疯狂抢购的场景"，还有老帕没有提到的抽奖（送红包）都有了。

看到这里，你还觉得"爆品"是新潮的理念么？这其实就是"促销活动"改头换面换了一种说法而已。

有些企业家朋友在和老帕聊天的时候会说："老帕你太绝对了吧！你看小米不是就成功了吗？"拜托，小米的成功有其他的原因在里面的。这部分老帕前面已经详细说过了，这里就不再展开了。

也有些企业家朋友说：我不用做得那么好，做到10%就能赚钱了。没错，但是不论你做的是"爆款"也好，"爆品"也好，当用户用冰冷的眼光在审视你的产品时，产品质量、款式、价格一定要大大高于她们的心理预期才能达到"爆"的效果。但无论怎么说，产品的研发、原料、生产、营销推广都是有成本在里面的，利润和现金流总是你必须要解决的问题，你的现金流来源无非就这么几条。

(1) 模仿小米，让后续的用户为前面的用户买单。

但是，"爆"就一定是一个短期的过程。你确定能够卖到收回成本的那一天？小米能这么玩，是因为小米牢牢地把握了粉丝的价值。而且，因为电子产品零件的成本下降是一个确定而且可以估算出来的数据，是行业特色。你有粉丝么？你所在的行业有这个特点么？

更不要说，还有一大群抄袭者在准备推同款呢。淘宝的搜同款可是一个非常强大的功能。至少在目前的市场环境里，你的创意是很难被保护的。在我们的市场环境里面，最不缺的可就是模仿者和抄袭者。不管你信不信，反正老帕的文章一发表，几个小时以后就会被改头换面地贴的到处都是，搜索排名有时候还要高过老帕的原文，这一点老帕深有体会。

（2）快速的迭代，一直推出"爆品"。每一款产品都能够吸引用户，利润虽然不高但每一款都是赚钱的。

嗯，听上去不错，如果你真的能够实现的话。但是记得老帕的话，你必须保证每一次都成功，你没有犯错误的机会！一次也没有！

（3）产品款款都是"爆品"，利润还相当高。

呃……老帕所知道这样大神级的人物只有一位，还已经被上帝召回了，那位是乔布斯。你确定你有他的能耐？

（4）吸引来用户以后，从其他高利润的产品销售中获得回报。

好吧，还是那三个字："搜同款"！用户又不是在逛线下实体店，他们看不到同类商品么？

于是有的朋友愤怒了。老帕你说的是淘宝！我不在淘宝卖，我不在京东卖！我自建电商平台，我在我的平台上卖总行了吧。

好的。老帕先不说你要多花多少钱推广你的自有平台，也不去假设淘宝和京东会不会往死里揍你。百度在边上羞涩地说了："其实我的图片搜索技术才是最好的。"你的产品总不能不上线吧。你要是再说下去，说你直接在商场租柜台开专卖店，那老帕就无话可说了，但是淘宝上面一大堆"某某同款"在朝你招手呢。

对了对了，还有一个大招呢，风险投资啊。那么漂亮的商业模式怎么也得值三五个亿的估值吧。我去描绘一张生态圈或者其他东东的蓝图（Da Bing），让风险机构来接盘。或者干脆直接说: 是的，我现在虽然不赚钱还亏钱，但是我马上就会有大量的用户了。迟早有一天我会找到赚钱的办法。至于是什么办法，我现在也不知道，所以你先给我个两三千万的让我先烧着，等我找到变现这些客户的办法的时候，我们俩一起就发大财了。从这一点上来说倒是蛮互联网的。嗯，你要是觉得风投圈傻钱挺多的，那你就试试呗，至少在老帕这里是忽悠不着的。很简单，在老帕眼里，这时候你根本就没有用户，你拥有的只是一群注重性价比的消费者而已，你对他们完全没有任何掌控能力，他们也对你没有任何心理依赖。所以，他们根本就不是用户，一分钱也不值。

但为什么这样一种模式会在近几年被传播得非常迅速，被很多的企业家和创业者追捧，当作在移动互联网时代的制胜法宝呢？在老帕和企业家创业者的交流中，发现还是那个老问题，我们总是希望找到一个能够简单高效、一听就懂、迅速就能学会、马上就能复制获得超额收益的战术手段，而不愿意把精力花在对行业、用户以及自己企业严谨的分析上。总是在躲避残酷的现实，总是希望能从大师那里听到一个金点子，懒于进行彻底的思维改变，懒于认真地制定和完善自己企业的战略。在这一点上，老帕还是得引用雷军先生的一句话"不要用战术上的勤奋掩盖战略上的懒惰"。

小米能够获得风投大笔的资金支持，至少有一个看上去非常完整、非常严谨的战略规划和产业布局，小米手机也仅仅是整个布局的一小部分而已。营销战略是一件从上而下的，严密的工作。指望用一种简单的战术手段就彻底改变企业的状况是不现实的。生病了不去医院好好检查，不找到疾病的根源对症下药，就相信"一贴灵""一针好"，这能靠谱么？不认清这点，拼命做"爆品"，到最后只能是在同质化的海洋里继续拼命厮杀，找不到突破之路。"爆掉"的是自己的企业，"暴发"的是大师。

第八章

情绪思维的运营

通过前面内容的探讨，大家应该对"情绪思维"有了一个基本的了解。下面我们就讨论一下该如何运用"情绪思维"来解决我们在实际工作中碰到的问题，来建立我们自己的商业模式。老帕在这里以现有的成功案例为基础，为大家演示新模式的运营过程。但是老帕不希望你将自己局限在这样一种商业模式里面，而是希望在老帕的讲解过程中，你能够被触动、被激发出灵感，创造出属于你自己的情绪思维商业模式和经营方法。

前面我们说过，只要是符合这几个特点都可以称作我们情绪思维的商业模式。

● 把用户看做是一个有感情的人，而不是笼统、抽象的消费者；

● 商业逻辑基于情绪思维而不是流量思维；

● 给用户提供的是满足情感需求的消费体验过程，而不是满足功能需求的性价比产品。

我们可以大致地将"情绪思维"模式的运营分为这么几个步骤：

1.定位你的目标用户群体。对目标用户的心理图景进行画像，找到用户真实身份与心理图景之间的差距；

2.为你的产品和服务注入情感因素，激发目标用户的情绪反应；

3.沉淀、发酵、转化目标用户的情绪，让目标用户在使用你的产品和服务时获得心理图景的满足。

但老帕需要强调的是：这三个步骤并不是割裂的，而是有机地融合在一起的。针对不同的目标用户群体，侧重点和运营手法也有很大的变化。比如，对《小时代》的低龄、女性、更感性的用户来说，"抠图"模式更加适合她们。将产品与图片直接结合在一起，大量地展示给她们就能获得很好的效果。明星代言、影视植入就是非常有效的途径。而对于小米的成熟、男性、更理性的用户，就需要给他们设计一个"网游"过程，让他们在过程中相信并且依赖这种成就感。同理，我们也可以在实际的运营中将这两种模式结合起来使用。在实际的运营过程中，针对不同的阶段性目标，交互使用"抠图"或者"网游"的方法，去引导用户产生我们所需要的情绪。

移动互联网带来的新媒体和社交环境，就是我们实现目标的基础工具。在新的环境下，媒体和社交已经互相融合在了一起，所以老帕在文章中一直说的是"媒体社交工具"或者"媒体社交平台"。但是，我们必须了解这些不同平台的属性，知道哪些平台具备更强的媒体属性，哪些平台具有更强的社交属性。在具体的运营步骤中，根据不同的平台属性来判断应该更侧重使用哪种工具。下面我们就以微博和微信为例，来看看这些新媒社交平台到底有什么不同，这些不同使得他们更适合"情绪思维"模式运营的哪些步骤。

不同属性的社交媒体工具

虽然一直有一种说法认为微信会取代微博，不过老帕看来可能性不大。因为微博与微信在基因上、功能上都有很大的差异性。在这一点上，新浪董事长兼 CEO、微博董事长曹国伟先生说得比较准确："随着移动互联网到来，我相信社交网络、社交媒体会越来越成为主流的这样一个应用，这里面首先诞生的是微博这样一个社交媒体平台，它是一个公开的信息分享平台；我们看到微信的诞生，它是一个私秘的基于通信平台的这样一个社交网络。这两个平台的属性是很不一样的，虽然都是社交性，虽然都是基于移动互联网的，但是我想微博它是基于媒体的，它的媒体性、公开性更强；微信是基于我们讲的通信平台的，它的私秘性会更强。所以我相信这两个平台都会有比较好的发展，因为这两个平台属性本质上是不一样的。"

基因不同：微博是从新浪门户模式发展开来的，一直做的是信息的发布，这一基因决定了微博是以信息发布为导向，媒体属性更重。

而微信来自于腾讯，腾讯一直以 QQ 这一用户关系产品作为中心，这也导致了微信更具有朋友圈子的特性，重信息点对点流动，是个深社交的平台，这也导致了微信的用户关系属性。

平台属性不同：微博在平台属性上表现为社会化信息网络平台，信息是构建网络的纽带。微博的信息呈发散状流动，是"一对多"的模式。微博是差时浏览信息，用户各自发布自己的微博，粉丝查看信息并非同步，而是刷新查看所关注对象此前发布的信息。微博上的信息发布后，会经历一个相对较慢的传播过程，而当用户转发积累到某个点的时候，会出现一个非常快速的增长的过程，是典型的"蒲公英式"传播。

微信是社会化关系网络，用户关系是构建网络的纽带。微信是实时沟通工具，是"一对一"的聊天模式。微信用户主要是双方同时在线聊天，我们可以把它理解为移动 QQ 增强变异版。当你的好友向你发送一条信息时，一定是带着问题的或是沟通意愿的，是会期待你的回复的。

用户关系不同：微博是非对等的多向度错落关系，是广传播、浅社交、松关系。人与人之间不需要特定的关系维系，任何人都可以发表消息，任何人都可以查看信息。用户之间的关系并非对等，而是多向度错落、一对多。微博用户可以把消息传出去，也可以发表你自己的想法和观点。

微信是对等的双向关系，是窄传播、深社交、紧关系。微信上，用户之间是对话关系；微博上，用户之间是关注关系。微信普通用户之间，需要互加好友，这构成了对等关系。微信群是多对多，仍然是对等的。

信息开放程度不同：微博是开放的扩散传播，是向外的公开传播。微博普通用户之间则不需要互加好友，就可以看到对方的信息。

微信是私密空间内的闭环交流，是向内的私密交流。朋友圈之间必须是好友关系，熟人关系，这是一个封闭的社交圈。

形象点说，就是"微博"是拿个喇叭在广场上喊话，"微信"则是在房间里面说话。

基于这些不同点，我们就获得了一种大致的侧重点：用微博来搜寻、观察、画像、获得用户，在微博上引爆事件激发用户的情绪反应。在微信上沉淀、发酵、转化用户情绪，用微信沉淀用户、形成社群。关于在微信上运营用户的方法，我们放到后面再说。我们先说说如何利用微博的媒体特征与其公开的特点，迅速获得目标用户的方法。

目标用户的获取

在看完了前面的内容以后，应该有很多朋友蠢蠢欲动，想开始尝试了。在这个时候问题来了，老帕好像一直没有讲过该怎么获得目标用户？而且在很多介绍成功案例的"干货"文章中，好像"大咖"们都忘记了还有这个问题，好像这些成功案例天然就有了一堆定位准确的目标用户，只需要去运营他们就好了。为什么？很简单，对于移动互联网，有些网上大咖的知识储备和你们差不多，也是微信文章看来的。

获取用户无外乎就是这么几种方法：

1.转化自有用户：对于一些本身就具有品牌影响力的名人和知名企业那当然是比较简单的了，只要合理地将其个人影响力进行转化。或者利用企业的门店、POP、DM等资源加以利用就能获取早期用户；

2.企业负责人动用自己的影响力，包括身边的朋友以及微博、SNS、博客、朋友圈等等线上社交渠道去获得早期用户；

3. 线下的推广活动，传统互联网的付费推广手段等；

4. 事件营销也经常被用作获取早期用户的一种办法。这一部分比较复杂，我们放到后面再详细分析。

有的朋友就说了，那我要是没有那么大的品牌影响力也没有那么强大的人脉资源怎么办呢？或者说，我对项目的方向还不是那么有把握，希望能够先获得一定数量的种子用户深入沟通了解，不想现在就在推广上投入成本。按现在比较流行的说法就是，能不能痛快点告诉我："怎么不花一分钱迅速获得 1000 个目标客户！"好吧，那我们就看看怎么从 0 开始迅速获得用户，既然我们一直在说移动互联网和社交工具。那我们获取种子用户的办法一定也是来源于这些媒体社交平台，微博就是我们最好的工具。我们说过，微博最大的优点在于它的开放、多向传播特性，这就是对我们获取用户最有价值的部分。

开放性： 微博上的信息是完全开放的。这种开放不仅仅指的是信息内容开放，更重要的是用户的个人信息几乎完全开放，用户的个人形象、个人信息、身份标签、历史记录完全开放在我们所有人面前。哪怕一些用户有意识地对自己的个人信息作了修正，但正是这样的修正行为反而暴露了用户更多的心理偏好。老帕随便在微博上找了一个用户，我们来看看都有哪些重要的用户信息是我们能够免费获得的：

看见了吧，生活区域、生日、好友、宠物、使用的客户端、关注的明星、感兴趣的内容、生活照片等信息一应俱全。

同时，我们能够清楚地看到信息的流动是怎么样进行的。也就是说，在任何一条信息内容上，我们都能够清楚地看见信息的流动轨迹和途径。我们完全可以顺着这条轨迹找到我们想要找到的目标用户。

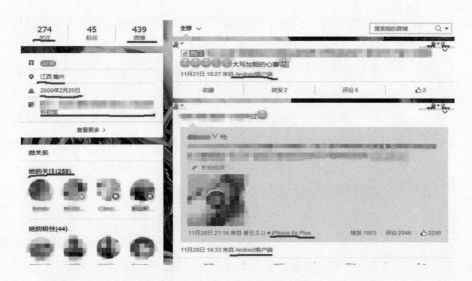

多向传播： 与微信不同的是，用户在微博上的所有信息都是在交叉的状态下传播的，我们很容易在多向传播的信息流中锁定我们的目标用户。

有了微博这个可爱的密探，我们的工作就简单多了，

第一步，根据你对目标用户的访谈或者你对目标用户的基础了解，对用户作简单的归纳总结，给你的目标用户打上一些标签。比如年龄、性别等真实身份的标签，但更重要的是为他们心理上认知的"自我"打标签。用户所关注的明星、名人，喜爱的书籍、影视作品等兴趣标签就是这种心理"自我认知"最重要的表现形式。

第二步，找到目标用户最关注的明星以及影视作品。

第三步，选择与相关明星、影视作品互动最频繁的用户。这些用户就是所谓的社交达人，社交达人是传播能力更强的用户。是较频繁使用微博和微信的人群，他们热衷于互联网的社交产品爱尝鲜，平均每天使用微博 2 小时以上，微信为 1 小时以上。不论是在微博还是微信上，平均每天原创、转发

评论的次数均较多，对微博和微信的使用深度较强。这一部分用户性格更外向，更愿意分享、表达自己。所以这部分用户的特点也最外显，最容易被判断和标签。而这个打标签的工作，有些用户都帮你主动完成了。你只需要交叉比对就好了。

第四步，使用微博为你提供的对比功能，选择与你的标签重合度最高的用户。观察他们，浏览他们的历史社交信息、关注对象的行为特点。

第五步，再次归纳总结补充完善你的标签。模仿他们的行为，将你的微博账号显示得与他们更加相似。与他们加强互动，转发相似内容，发出加好友的申请，建立好友关系。

第六步，在社交达人的好友列表里面，继续筛选新的目标用户。与他们加强互动，发出好友申请，建立好友关系。筛选注重以下几点：

1. 与标签重合度高；

2. 区域尽量重合；

3. 社交达人将相关标签内容 @ 最多的，与之有过个人互动用户。

这么做的目的在于，获取那些符合你的要求，但是性格不是那么外向的用户。这些用户在空闲时才会用微博和微信，平均每天微博为 1 小时以下，微信为 30 分钟以下。他们性格较为内敛，微博微信以浏览为主。但是他们的知识能力水平、收入状况、消费能力、品牌忠诚度往往高于社交达人用户。相对于社交达人，这些用户往往消费能力更强、含金量更高。原因很简单，一般来说，在社交媒体上花费太多时间的人，往往在实际的生活中无法获得更多的成功，所以收入较低（少数有钱又有闲工夫，以炫富为主要人生目标的人群不在谈论范围之内）。

这样，你就基本上获得了一个完整的小型朋友圈。

然后你需要做的就是在一段时间的互动以后，寻找机会将他们导入到你的微信关系里面，拉入到你的社群里面，在微信的密闭环境里面去沉淀、发酵、运营这些用户。

我们以某明星的微博作一个简单的示范：

我们打开评论，筛选用户。

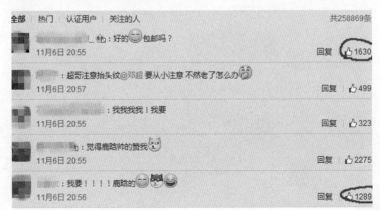

进入选定的用户主页，查看他的个人信息。浏览他的历史记录。

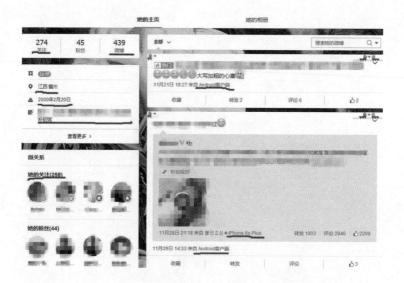

进入用户的好友界面，寻找用户的强关系、符合我们需要的好友。

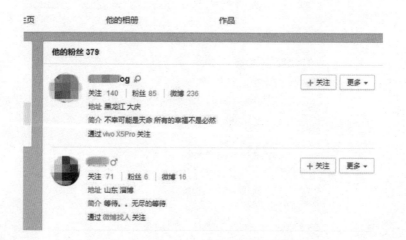

社群运营的"道"与"术"

接下来，我们就应该把目标用户拉到我们为他们建立的"社群"中，沉淀、发酵、转化他们的情绪了。在移动互联网的时代，所有人都是媒体，到处都是微信群。所有的人都在说微信群的运营，微信社群营销，微信社群的玩法，甚至上升到了"社群经济"的高度。不可否认的一点是：微信群是现在最主要的线上"社群"形式、是社群运营最重要的工具之一。但是，老帕还是要再次强调，微信群并不一定适用所有的用户。譬如我们说过的《小时代》的用户，她们比较感性，自我催眠的能力比较强，更容易被直接的"图片"信息所打动；自我催眠的意愿比较强，愿意主动"抠图"来获得心理满足；表达的意愿更强，"说"的意愿很容易被激发。他们在线上的社交心态更开放，社交行为更主动，很容易在情绪的诱导下自发形成"社群"。所以面对这样的用户，微博等媒体属性更强的平台更适合他们，直接持续发布这样的"图片"内容，就能够激发他们的情绪，达到传播的效果。而对于像小米的用户，他们比较理性，需要"真实度"更高的体验过程，需要在"网游"中逐步实现情绪的沉淀和转化；情绪需要达到更高的"强度值"才能激发他们的自传播欲望，这就需要情绪发酵的时间和空间；他们的线上社交行为更被动，心态更谨慎。这个时候，微信的社交功能属性就具有了更大的价值。微信群的作用就是你为目标用户提供的"游戏空间"，目的是让他们在社交过程中，被你设计的"网游"路径所引导，相互影响、相互强化，成为统一思想、统一行为的"群体"。

运营微信群的战术手段

关于微信群的日常运营，老帕还是想多说两句。毕竟现如今社群最主要的载体还是微信，一些基本的技巧大家还是要了解的。

管理结构合理：你的微信群里必须有这么几个"自己人"：

● 意见领袖（灵魂人物）1 名：拥有一定圈子影响力；善于思考，可以就某个话题碰撞出火花让群更具生命力；

● 活跃者数名：幽默，不断的分享有趣的话题，各种图片、文字信息；活跃群成员和气氛与意见领袖配合产生出高质量的内容引导围观和分享。同时帮助负责群的日常管理和维护。这两种人群一定是自己人，或者干脆就是你自己换个马甲上。

这两种角色的互相配合才能保证社群的发展一直朝着我们需要的方向前进。

在你微信群开始增大了以后一定会出现这样三种人：

● 第一种，积极参与者：

√ 好学者：经常在群里提出各种困惑和问题，希望得到帮助解答；

√ 评论者：对内容做出回应的人；

这一部分人群非常容易被引导，很容易与意见领袖和活跃者形成互动，产生出你所需要的内容信息。

● 第二种，默默围观者：是社群里面数量最庞大的人群。就是看热闹，消费信息的人。活跃者和意见领袖要为他们提供资源和思考刺激，所要做的就是激发他们，让他们成为评论者。让他们在评论中自发产出内容。要让围观者成为评论者，准备的话题一定要充分。好的话题应该具有这样的特点：话题要有诱导性，要能引出你想达到的情感共鸣；要有争议性，能够引诱用户参与和评论。一定要让看热闹的人，感到热闹。在热闹的时候，总有同时那么几句话能够让他有评论的冲动，这样你的目的就达到了。

● 第三种，挑战者：对社群的管理方式、内容有不同意见的人。

产生挑战者有两种情况，千万不要把这两种情况搞混，那会是致命的错误。

第一种情况，是一些热心为这个群在着想的人，是非常愿意贡献自己的精力和时间为群服务的人。之所以产生这样的挑战，要么是社群的管理上真的出现了问题，他们真心地提出建议帮你解决。要么是他们希望能够在社群里面获得更多关注、更多的权力、更大的成就感。切记，切记！不管哪种情况，这两类人是你的宝贵财富！因为他们已经开始将自己的情感代入到你的社群里面了！他们心中的那个"我"已经开始和你的社群开始重合了。如果你的方法得当，他们在接下来就会是你的"脑残粉"！成为你的种子用户，免费无私的推广者！

第二种情况，就是完全负面的了。总有聪明人看透了你的方法，或者在这个社群里想实现自己额外的利益。那么对于这样的人，老帕的建议还是越早剔除越好。如果一旦他在社群里面变成了另外一个意见领袖，那你的麻烦就来了。

最后一点，老帕反复强调，一定一定不要在你的微信群里面直接卖产品！在微信群里面要实现的是内容的产生，情感的共鸣。产品概念的形成应该是激发所有的人参与，是大家共同解决问题时产生的。当产品被打上社群的标签，在这个社群里自然就会获得足够的信任，群成员也会自发地为产品品质作背书。而销售是在产品成型以后，由社群内的人帮助你完成的。社群是一个核心，他们有一个更大的外围朋友圈才是你营销的对象。

社群运营具体的战术技巧不是老帕的强项，老帕的团队里面有对社群运营更有实战经验的同事。关于社群运营具体实施细节，各种最新最有趣的玩法和技巧，老帕的这些同事更有发言权。如果你需要，老帕介绍给你们认识。

但是，老帕还是要啰嗦一下。因为老帕在和大家交流的过程中，发现很多人对于社群运营的知识主要来源于微信朋友圈里面各种"碎片化"的干货文章。而这些文章要么是强调微信群的传播优势。"微信群里面发生的一切都是传播。社群的价值体现就在于如何让群里面产生出你需要的内容，然后再利用微信群进行传播。在群里面所产生的任何分享都可以借助群里每个人的微信朋友圈及其他的微信群进行传播。这种时效性是传统媒体所无法具备的。这就是社群影响的威力所在。"要么是在强调某些具体的运营技巧和手法，并没有对为什么要运用这样的技巧做出诠释，更不去阐述社群运营背后的逻辑和思维方法。在这样的"碎片化"知识的引导下，很多人对社群运营的理解非常片面，做出了很多让人啼笑皆非的微信"社群"。

我们看到有些朋友，一听到微信朋友圈的传播优势就急吼吼地开始拉微信群。尤其是一些企业的老板们，直接给员工下命令。要求员工每人拉多少个微信群，每个群要达到多少人数，每天要在群里分享公司产品的宣传和广告文章多少次，并美其名曰"全员社群营销"。

还有一些朋友，看到了几个案例分析、听了几句"砖家""叫兽"的秘诀，才有了一些模模糊糊的感觉就迫不及待地去模仿"成功案例"，就要开始要"玩社群"了。然后按"砖家"们说的秘诀，拉个微信群，换好几个马甲在群里说话，一会儿是精神领袖在发文章，一会儿扮作积极分子在点评，一会儿又扮作路人甲在提问题。一个人上蹿下跳，玩得不亦乐乎。而群里的大多数人只在红包出现的时候才呼啦啦地冲出来，拿完红包以后就继续沉默地看你在耍猴。

要么就是过于强调形式，又是程序又是仪式感、新人入群要鼓掌要撒花、要早请示晚汇报。隔三差五的还要来个红包雨什么的。大哥，你在做社群不是做传销好不好！老帕觉得我们应该做的是有目标、有设计、有流程、有价值的社群，而不是什么乌七八糟的大杂烩。如果要做那样的东西，随便找个传销组织小头目，找个地方听他给你忽悠一下午你就都懂了，比"砖家"讲得要清楚得多了。当然了，前提是你不会被忽悠得做他下线去。而这些问题的根源就是我们又犯了追求"一贴灵"，懒得作战略思考的老毛病。我们只看到了案例具体的表现形式和成功结果，而没有看到成功案例背后的思维逻辑。在这一点上，一些断章取义、只讲极端案例不讲背景因素，或者片面强调某个因素作用的"大师"干货文章，起到了很大的误导作用。这种现象也是诱发老帕写这本书的原因之一，老帕希望能给大家提供一种系统地分析移动互联网商业模式的方法，而不是简单地强调某一种战术和技巧的功能。

社群运营的战略思维

什么是社群？基于相似的兴趣爱好、价值观、社会关系等各种因素，借助 SNS 社交工具聚合在一起的一群人，就是社群。所以说，微信群不是社群，只是社群在微信上的表现，是承载社群的线上工具之一。

承载社群的工具：
◆ 线下：麻将室、公园、小区中心花园……
◆ PC 时代：网站、BBS、论坛（天涯 / 西祠胡同）、豆瓣小组、人人 / 校内 / 开心网、贴吧……
◆ 移动互联网时代：微信群、微博、QQ 群、其他各种社交 App……

成立社群的目的：

▲ 对某个领域的共同兴趣（影视、健身、时装、旅游等）；

▲ 对某个人共同的喜好（影视明星、作家、大咖等）；

▲ 某种共同的经历背景（学历、籍贯、工作场所、行业等）；

▲ 基于某一种共同需求（学习、求职、社交、恋爱等）；

▲ 为了达成某个共同目标。

所以，社群最重要的特点之一就是必须有共同点。有些朋友就会说了，这都是老生常谈，我都明白。我就是想知道为什么那些明星粉丝群，大咖的粉丝群，甚至广场舞大妈的群在没有人运营的情况下也照样热闹？而我建立的微信群也是基于共同的兴趣爱好，或者是共同的需求，但是不管我怎么努力，微信群还是不可避免的越来越冷清，最后不知所踪？所以老帕说，你还是没有搞清楚社群和微信群的概念，没有弄明白建立一个社群和拉一个微信群的区别到底在哪里！明星群、大咖群、广场舞大妈群是很热闹，那是因为这些微信群是已经存在的强关系社群在微信上的表现，热闹的原因是因为他们已经在其他地方建立了足够强的关系，也就是说他们的社群已经存在了。而你看到的只是这些社群在线上的表现而已，你并没有了解这些强关系形成的背景因素。而你所做的，并没有创造一个社群，你只不过是拉了一个微信群，是"利用微信这个工具拉一群有共同点的人进来"。因为有这样那样的共同点，所以你可以把这些人拉在一起成立一个微信群。为什么会越来越冷清？很简单，你没有激发出用户的情绪反应，用户与用户、用户与你之间，没有建立起足够的情感联系。用户觉得这样的群没有价值，所以关注越来越低。正如我们在前文中分析过的微信的特点，微信群是一个类似于在房间里面的交流方式。没有共同的兴趣点，自然大家就离开房间，寻找其他更有价值的活动去了。

我们可以设想一下这样的场景，有朋友邀请我们去参加一个酒会，说可以认识出色的异性。为了活跃气氛，主持人安排了演出和抽奖环节穿插其中。在主持人的引导下，一群半熟不熟的人在一个房间里面开始互相聊天。大家互相打招呼，微笑，自我介绍，寒暄，参加活动。由于有共同的兴趣或需求，所以一开始气氛非常融洽、热闹。很快，你要么是找到了自己的目标形成聊天的小圈子（需求被满足，聚会失去价值），互相交换通讯方式约下次的单独见面，或者一起离开寻找更私密的环境继续交流；要么是没有你感兴趣的目标（需求无法满足，聚会失去价值），你很无聊，于是离开这个场合。所以，这样的聚会一般持续三四个小时就会散场。你能想象这样一群半熟不熟的人能够持续的热闹个三四天？那就不是正常人了，那是一群神经病！

而我们每天面对各种工作群、新朋友群、旧朋友群、老同事群、校友群、亲友群、爱好群……也经常被拉到很多莫名其妙的群里。我们的注意力被这些群无限地分散，这些群绝大多数都是只有简单共同点的弱关系微信群。对这样的群基本上我们就是看看，如果觉得没啥价值基本上就礼貌地屏蔽提示音。尤其是一些老同学群，经常是在开始建立的时候热闹非凡，大家积极性都非常高，但是经过一两个月的时间以后，就很少有人在群里面再热闹的聊天了。原因就是，在一开始，多年不见的同学再次聚在一起，大家的情绪非常高涨，但是时间久了以后，新鲜度过去了，没有事情再能激发大家的情绪了，"说"的欲望无法被激发起来了。自然就冷下去了，老同学也不能天天说"想死你了"吧。

在很多时候，对于用户来说：进群是给你面子；不退群是礼貌；但如果没有价值，别指望我会说话，没空，嫌累。

很多人建立微信群的目的是为了能利用微信群的媒体功能，希望能利用这个工具去传播，去营销，去达到商业目的，这个无可厚非。但是老帕要说的是，如果真是基于这样的思路，你从根本上就搞错了建立微信群的目的！再说一遍，微博才是媒体属性更强的工具，微信是社交属性更强的工具。所以我们在微信群里所做的任何事情一定是要以社交为导向，而传播价值的实现，是在形成社群强关系之后的效果。这个因与果的关系能够听明白吧？

要想形成这样的强社交关系，你必须要能够持续地激发成员的情绪反应。也有一种说法，认为社群要能够给群的成员持续地带来价值，这一点老帕也赞同。不可否认，当一个社群能够给成员持续带来价值的时候，群的活跃度一定是非常高的。但是，我们不能过于狭窄地看待这个"价值"，只从实际利益的角度去理解这个"价值"。这会使得我们陷入一个"悖论"怪圈。

如果我们只是简单地将这个"价值"理解为实际利益，那么很多的朋友第一反应就是钱。没错，逐利是人之本性。于是发红包成了激发用户情绪最简单粗暴的手段。可你又不是王思聪，你还想着在社群成员身上获得价值呢。于是红包雨，红包接龙等"微信社群玩法"就出现了。在新鲜劲过去之后，用户发现实际的收益过低甚至损失了利益（红包接龙成了一种变相的赌博）自然就失去了兴趣。

对接资源的价值，这里面分两种情况。第一种情况，以商务合作为目的的群。老帕有几个这样的群，投资分析的、项目探讨的、业务合作的、营销推广的都有。但这样的群在老帕看来，更多是线下强关系的线上体现。群里面的人老帕一大半都熟悉，没有见过面的也会有其他朋友做背书。群私密度很高，群规模也比较小。所以老帕把这样的群定义为"商务社交小圈子"而不称之为"微信社群"。在这里老帕想说句题外话，在没有足够的信任背书而被拉入的"商务合作群"，没有经过充分了解之前大家千万谨慎对待。这里面的坑太多了，很多线上变相的传销组织甚至是一些诈骗的组织都是以这样的方式，用高收益在引诱用户，还是谨慎一些的好。

第二种情况，我们也看到很多以对接资源作为目的的微信群。以认识大咖、认识投资经理、寻找创业合伙人等为由邀请我们加入，老帕也经常会被拉进这样的群里。这样的群有价值么？价值肯定是有的，很多的时候我们是可以在这里找到我们想认识的人。但是作为运营者，人脉毕竟是有限的，所能够提供资源也是有限的。正如老帕在前文说的 party 例子，一段时间之后用户的需求已经被满足或者无法在你这里达到满足，用户无法获得持续的价值，群也很快就会失去了热度。

学习的价值，比如学习群、大咖分享群等。老帕自己也有这样的社群，老帕会经常在群里分享自己的理论，帮助群成员分析创业中的问题，讨论新出现的创业机会，共同打磨创业项目的商业模式，群的活跃度一直很高。但是，这样的社群需要持续不断地输出新的内容和资源，需要让社群成员持续不断地收获知识，对运营者的要求往往是非常高的。这样的群一般很难复制，运营压力也非常大。所以老帕做这个群更多地是出于兴趣，是为了在交流中获得思想的碰撞，验证自己的一些新理念，获得新的灵感。

而我们很多的创业者都是草根创业，人脉、资金、理论能力都无法支撑一个活跃的社群。但又需要通过社群实现推广的目的。这好像是"悖论"了么？我们好像陷入了一种死循环？怎么办？于是在一些片面强调运营手段的微信"干货文章"引导下，注重形式设计、加强仪式感、为新人鼓掌，鼓励自我反省、早请示晚汇报这种"洗脑手段"，改头换面地又爬到了微信群里了。都是因为无法激发群成员的情绪，无法解决弱关系的问题，在用一些偏门的手法让群成员开口交流，来达到强化社群内部关系的目的。但是就算你通过这样的手段，维持了微信群的活跃度。你也仅仅是做了一个有活跃度的微信群，群成员并不具备社群统一思想，统一行为的特点，而你更无法在社群里实现你的商业目标。

那怎么办呢？到底能不能建立一个社群，在持续给用户提供价值的同时，又实现我们商业推广的目的呢？当然是可以的，而且有人做到了。小米、"三个爸爸"都做到了。要想实现这样的目的，那你必须给用户提供情感上的价值，你就必须对你的社群作出完整的设计，用户心理分析、目标、目的、实现路径一样都不能少。譬如说，你可以运用老帕说的"网游"方式，为你的目标用户定制一个高成就感、低难度的目标，给他们提供一次实现情感满足的"网游"过程。让你的目标用户们在这样过程中，低投入高回报的达到心理满足，从而被激发出快乐的情绪。

和老帕说的其他内容都一样，首先就是你要有明确的目标，要有清晰的流程设计。在你准备要创建这样一个微信社群的时候，你一定要先放下手机、忍住拉人建群的冲动，在纸上把下面这句话写出来。

我为了"什么目的"，要找一群"什么样的人"，"如何去达成"一件"什么样的事情"。

"什么目的？" 第一个要问自己的问题就是：我要达到什么目的？不管你是想卖面膜，还是想卖保健品，还是想做一架航天飞机，明确你的商业目的。明确你想要从用户那里获得什么？

"什么样的人？" 用户选择，根据你的目的确定你的目标用户。用户越相近，你的社群越容易快速地形成心理链接，达到心理和行动上的统一。根据你对目标人群的画像，从不同的纬度上最大化地寻找他们的共同特征，再按照不同的特征纬度为他们建立不同的社群。目的是为了更容易就某个话题产生情感共鸣、更容易编辑内容、也更容易就某个议题达成一致，更容易帮你实现传播。你要明确以下几点：

∨ 你的目标用户是谁？

∨ 他们的年龄、性别、学历、活动区域等最基本的画像标签是什么？

√ 这些用户的心理图景是什么样的？

√ 他们会面临怎样的外部冲突？

√ 这些外部冲突又会给他们造成什么样的心理损害？（最重要的纬度！）

　　设定群体目标，"什么样的事情"这是最关键的问题。

　　这个目标首先要来源于用户的外部冲突，列出你的目标用户在日常活动中，存在哪些普遍性的外部冲突？寻找能够和你的商业目标最贴近的那个外部冲突。针对这个外部冲突，设计群体的目标。

√ 目标一定要是可实现的，在提出目标前，你就要有实现目标的具体步骤。

√ 目标的结果要能够清晰、简单地表述出来。

√ 目标有明确的时间设定。

　　这个目标精炼以后，就是一句有使命感的口号：**我们一起在 XX 时间内，解决 XX 问题**。围绕这个口号所产生的内容就是你的社群要输出的东西。这样的口号就是所谓的**"情怀"**。

　　"如何去达成"，实现目标的流程设计，你一定要清楚，你是在给他们"设计"一个过程！而不是真地依靠用户去解决问题！你不要太依赖社群成员会付出大量的精力去帮助你完成任务。真正去实现目标达成是你自己的事情，所以千万不要被那些成功案例创始人说的各种"情怀"忽悠了，真的以为用户会帮你解决问题。你需要的是在这个过程中让目标用户获得成就感，在大多数的时候，他们能够做到的其实就是在群里不断地说话、讨论；在不断地帮你分发你的内容！获得"参与的感觉"而已。

　　你要为你的用户设计一个步骤简单、阶段清晰的流程，明确每一个阶段性的目标，激励你的用户们跟着你一起，一步步地实现这个群体目标。而在这个目标的实施过程中，你需要不断地给他们提供正向的反馈，告诉用户：我们距离目标又接近了多少，已经克服了多少困难，距离最终目标的达成还有多少时间。目的就是为了让群成员获得阶段性的成就感，同时又有紧迫感。激励他们继续努力，继续提高他们的参与度；加大他们的情感投入，让他们把社群和社群目标作为自我实现的具象化实体，把社群的成就当成自己的成就；让他们对社群和社群目标形成更加紧密的依赖。

当目标在大家的努力下进展到最后的阶段，产品当然不能是卖给用户了。产品是社群成员共同努力的结果，我们的小宝贝马上就要从图纸变成真实的存在了。这个时候，难道我们不应该共同付出小小的金钱去迎接新生命的诞生么？当新的生命诞生以后，你还不应该去分享，去炫耀你的成就和喜悦么？你还不应该让全世界都喜爱我们的小宝贝么？这基本上就和生完孩子成天"晒娃"的母亲心理反应完全一致。

小米、"三个爸爸"，还有被社群运营大咖们推崇的"特斯拉充电桩运动"，都是这样的一种模式。很多的社群运营大咖都将"特斯拉充电桩运动"称作为一次用户自发形成社群的经典案例。但在老帕看来，这个充电桩运动只是一场完美的事件营销而已，目的还是为了推广品牌和营销产品。当然，这个只是老帕个人判断，至于真相如何，我们都不得而知。老帕摘取了相关报道的原文供大家阅读，是不是设计好的商业推广，目的明确的事件营销，你们自己判断，反正老帕是闻到了一股浓浓的商业味儿。

PHNIX（芬尼克兹）集团董事长宗毅是特斯拉的首批中国车主之一，在北京提车后，他想把爱车开回广州。但是，这几乎不可能，因为充电的问题无法解决。

于是，宗毅产生了一个疯狂的想法：用互联网力量"众筹"一个遍布全国的免费充电网络，并由此找到一条利用民间力量解决电动汽车充电难题的方案。在接下来的 20 天时间里，宗毅和他的小伙伴们自驾特斯拉零油耗穿越了 5750 千米，沿途布局 16 城市，共捐建 20 个充电桩，他们竟然真的打通了一条从北京至广州的中国第一条电动车南北充电之路。宗毅说："做这事的理由很简单，我希望有一天，我可以在我孙子面前讲得神采飞扬：小子，中国第一条电动车充电之路是你爷爷当年打通的。"

天才创意：充电桩"求包养"

由于特斯拉充满电后的最大行驶距离为约 500 千米，宗毅计划在自己的行程中，每 300 千米左右就捐建一个充电桩。于是，他购买了 20 个充电桩，然后通过微信、微博等社交媒体发布"求包养"的消息：希望能够将这些充电桩安装在交通方便又可以让车主休息的酒店、饭店等场所，但是要求接受捐建的场所能够为电动车车主提供免费充电服务。"将一辆跑空的特斯拉充满电的成本不到 50 元，充电期间，车主可以到酒店或饭店住宿消费。免费充电相当于酒店的增值服务，同时具有广告宣传效应。"宗毅认为这种模式是符合商业逻辑的，而且具有很大的可推广性。宗毅的计划公布之后，在短短几天时间，就收获了三四百个申请。在经过了删选和综合考虑之后，宗毅选定了 20 个地点捐建充电桩。"我捐建的充电桩都是特斯拉原装的，价格比较贵，在万元以上。"宗毅说。跟随宗毅穿越南北的除了一辆特斯拉，还有一辆比亚迪电动车。于是，在活动前，宗毅就购置的这批特斯拉专用充电桩进行了改装，使得其能够适合更多电动车品牌的使用。"据我所知，很快就有一个特斯拉车主沿着我们发布的充电桩地图，从北京出发，顺利抵达上海。从北京到上海油费至少上千块，但现在是免费的。而且现在这些充电桩，基本每天都有人在用，还有几处反映不够用，想增加。"宗毅说。

惊人效率：抵得上特斯拉忙活一年。此前，特斯拉也试图在中国建设充电桩，但是一年多时间，竖起的充电桩屈指可数，特斯拉甚至因此在中国换帅。因为按照传统方式，建立充电站需要买地、铺电缆、建配套，投资大、要多方审批，确实不易。"特斯拉在中国做了一年的努力，但在整个干线上，几乎是一事无成。"宗毅说，很多特斯拉车主依然难充电。不过，宗毅似乎给了特斯拉不小的启示。6月11日，特斯拉在中国启动"目的地充电站"项目，之后3天内分别与银泰集团和SOHO中国签订合作协议，由特斯拉提供充电设备，而银泰和SOHO提供场地并负担电费，免费为特斯拉车主提供充电服务。"如果很多房地产商加入，比如万达，那情况会非常不同。"宗毅说。目前，电动车的车主主要集中在北京、上海等大城市，尽管上海计划到2015年建成6000个充电桩，今年北京也将建成1000个快速充电桩，但相对于偌大的城市，还远远不够。由于自建充电桩根据相关政策规定，必须有产权车位或者固定车位，普通车主居住条件能达到自建充电桩的数量极少。另外一个大问题是，我国尚未有一个统一的电动车充电标准，特斯拉、比亚迪、荣威、丰田等都在单打独斗，本来就狭小的网络，还无法共享。在宗毅看来，电动车充电问题的理想解决方案可分为三个层次：一是在高速公路或者城市主路网上建设快速充电站，以收费为盈利模式，以特斯拉为例，快速充电桩只需30分钟到1小时充满电，而普通充电桩则需要8~10小时；二是专业停车场根据市场需求建设快速或普通充电桩，可以免费也可以计入停车费；三是酒店、餐厅等服务场所可以提供免费的普通充电装置作为增值服务。"互联网时代都讲入口，充电桩未来就会成为客户的入口。我相信充电桩会逐渐成为酒店、饭店等服务场所的标配。"宗毅说。

意外收获：一路上"卖"出150多辆特斯拉

"我们的空气已经等不起了，雾霾已经笼罩了几乎所有中国的大中城市。"在宗毅印象中，20年前北京还是蓝天白云，而现在，他一到北京就喘。"我们正站在一个新时代的入口，特斯拉不过是一个启动符号，因为一个电动车的时代即将到来。"宗毅说。他所创立的PHNIX集团是一家专注热泵产品研发、生产及提供综合节能解决方案的国际化企业，虽然也专注于新能源、节能环保，但确实和电动车、充电桩都没有什么关系。"我就是一个电动车爱好者，和特斯拉或比亚迪没有半点关系，但是由于一路上都在推广电动车，总是被当成卖车的，不过，我一路上确实卖出了 150 多台特斯拉，比任何一个特斯拉的销售经理卖得都多。"宗毅说，他希望用下半生来推广电动车。他已经订购了 20 台特斯拉作为年底员工绩效奖励，并在自己的工厂建了 60 个充电车位。宗毅告诉记者，"这次行动的真正价值在于告诉大家：只要越来越多的人参与进来，一个遍布中国的充电网络很快就能建立起来。电动汽车的普及可能就像智能手机的普及一样，比想象中快很多很多。

——来源于中国新闻周刊

在这个过程中，你往往会受到外部的质疑和批评，这就是我们说的外部压力。但是就像我们在《小时代》的文章中所说的。这不一定是一件坏事，甚至是让用户成为社群的优质外部工具。在移动互联网时代，你只需要关注你的目标用户群体，你只需要让你的目标用户爱你就够了。

举一个极端的例子，前一段时间，被大肆宣扬的某"90 后"CEO 创始人为什么对所有人破口大骂，口出狂言。你以为他真的是没有脑子、没有逻辑？判断不出他的"目标"和"愿景"是在瞎扯淡？不知道他那种所谓的"先进管理方式"根本就没有实施的可能性？毕竟也是上过大学的人，基本的思维能力总归是有的。在实际的公司管理过程中，也还是在考核 KPI，不会靠打架解决问题，员工也不能从公司账户上随便提钱。除了要达到事件营销的效果以外，最根本的原因就是为了取悦他的目标用户。他的目标用户定位非常清楚，就是在大学里迷茫、不愿意读书又不知道该干什么、渴望成功但没有找到方向的部分学生用户。有的时候，我们把这样的群体称之为"学渣"。而这位 CEO 的目的就是把自己打造成"学渣"逆袭的代言人，激发"学渣"们虚幻的成就感，去获得他们的拥戴。

但是，老帕并不建议你们学这位 CEO。你给用户提供的是在过程中获得的情绪体验，而不应该是用粗俗、低级的言语去吸引用户。

甚至你可以通过具体的设计，将对负面外部评价的反击，作为强化社群心理的过程，让用户在这样过程中强化群体的凝聚力。段子里面不也说过，"一起扛过枪"是三大强关系之一吗。但是，运用这种方式具有一定的风险性，需要谨慎使用，在粉丝群体初步形成一定的心理共识以后，再使用这种方式会更容易控制风险。

"事件营销"究竟该营销什么?

所谓"事件营销"，顾名思义就是用事件的方法做营销。说简单些，就是通过制造一个或者一系列的事件，吸引用户注意，达到推广的效果。这并不是移动互联网时代的新发明，在传统经济时代，就已经是企业宣传和推广的常用手段。老帕在前文提到过的超市开业宣传，我们在新闻联播里面经常看到的某某新项目开工奠基仪式、领导剪彩，以及新产品上市发布会都属于事件营销的范畴。在互联网时代，事件营销与互联网媒体、社交工具相结合体现出了新颖多样的特点。随着各种新型的媒体形式出现，媒体之间的竞争越来越激烈。媒体为了立足，也需要越来越多的"可售性"内容帮助他们获得用户的长期关注。所以，从这点上来说，媒体和企业对"事件"的需求是一致的。

移动互联网时代，媒体环境和用户的阅读习惯发生了根本性的变化。这样的变化更是给"事件"提供了快速传播，二次发酵的基础。依赖于媒体的自发传播与和社交工具的二次发酵，事件营销凸显了其性价比的优势，而"陈欧体"等成功案例的出现，在社交网络上面的疯狂转发以及引发的二次创作，都为企业带来了极好的品牌效益。更是让企业看到了事件营销能够让企业用更少的时间与成本，在短时间爆发，达到一战成名的传播效果。

正是因为事件营销这种"本小利大"甚至"无本万利"的推广效果，让所有人都在挖空心思的炮制各种"事件"，寄希望于通过一次轰动的事件，迅速的达到病毒式传播的效果，实现企业营销推广的目的。而一些新媒体传播"大咖"们炮制的"如何不花钱获得 10 万、100 万用户？"之类的文章更是推波助澜，将这种"事件"的效果夸大成了营销一贴灵。不少中小型企业由于没有更多的资金进行营销与广告的投入，又迫切需要获得市场认知，因此以小博大的事件营销就成了他们抢占市场、特别是打出品牌的最佳方式。于是我们发现，越来越多的"事件营销"已经完全看不到任何营销的部分在里面，只关注于策划能够吸引大众注意和转发的"事件"，只着眼于如何通过"事件炒作"获得公众的注意。

老帕看来，事件营销大致有这样几种形式：

"情色诱人"

像黄太吉的美女老板娘开跑车送煎饼。Roseonly 用洋帅哥送鲜花，都可以说是这样"情色诱人"的事件。

"出位言语"

企业的创始人用出格的言论，明显夸大其词的说法去挑战普遍的价值观。尤其当下有一些缺乏核心竞争力的互联网项目更是习惯于采用这样的方式。目的就是为了将自己打造成"不走寻常路"的代表，成为挑战旧传统的旗帜人物。

"冲突事件"

现实中有很多真实的冲突事件,比如前些年的"我爸是李刚""杭州70码"等。因为其背后的社会因素获得了很多公众的关注,有些传播公司就通过制造或者虚拟一场冲突。事先为冲突的双方设计一个身份,强化其作为某一类人群的身份标签,用视频或者文章的形式讲述这样的冲突故事,以此来获得公众的关注和议论。

这种"事件"炒作行为背后的逻辑就在于:不怕你骂,就怕你不说话。不管你对这个事件抱什么样的态度,只要你发表意见,不论是正面的还是负面的评论、一个朋友圈照片,还是一篇批评的文章,只要你参与其中,便在客观上起到了帮助传播的效果。这样的一些营销手法,因为其新颖的特点在早期获得了一定的传播效果,但是其操作手法过于简单,很快被大量复制。而用户也很快就看明白这些事件背后的商业目的,对这样的操作手段越来越清醒,对这样的事件越来越漠然。为了达到传播的效果,相关企业和策划人们只能不断的将"事件"的尺度越放越大,下限越来越低。

于是"情色诱人"直接变成了"色情诱惑",沦为了满足大众"窥淫癖"心理的工具。从三里屯的优衣库,到"斯巴达裸男",一直到"建外SOHO比基尼女郎",各种打着色情擦边球的"事件"正被许多的广告公司、传播公司作为主打产品,为了能够快速获得公众注意,尺度越来越大,不断地在挑战公众和有关部门的心理底线。据悉,"建外SOHO比基尼女郎"事件发生后,北京警方已经介入调查,该创业公司和负责事件策划的传播公司负责人已经前往派出所接受询问。在被一而再再而三的挑衅,有关部门采取严厉的处罚应该是意料当中的事情。当年,在豆瓣上一度被炒作得非常火爆的"萌妹用身体换旅行"的幕后产品,正是因为进行情色营销炒作,最终被依法严惩、责令下架。"秦火火""立二拆四"等人更是前车之鉴。

"出位言语"变成了彻底的胡说八道和语言上的挑衅。前面说的那位"90后"CEO 创始人在电视节目中放言："老师、校长、投资人，所有人都被我骂过一遍！""我的公司全是'90后'，员工薪水自己开，我鼓励员工之间吵架，吵不了就打，住院了我出钱。明年我会拿出一个亿的利润分给员工！"除了上文中说过的，获取目标用户心理认同的目的以外，就是为了让这样的言论激发大众的负面情绪，激发大众"吐口水"的行为，让自己成为网络议论的话题，获取自传播红利，为自己和项目吸引更多关注。这也正常，据说他的师傅是红衣教主，对"骂架"的技巧和自传播效果自然是相当"拎的清"的。

"冲突事件"变成了"撕逼事件"，脚本设计越来越离谱。从《100 块都不给我》《你就是嫉妒我的美》《我的项链两千多》《我跟你什么仇什么怨》到"上海女陪男友回江西老家过年，吃了一顿团圆饭就分手"，越来越变成了一场场丑剧，越来越强调和凸显事件中的极端、蛮狠、不讲理、低素质等不合乎常理的负面行为。通过对事件当事方的标签化，将当事方定义为不同目标人群的代表。然后有意地强化某一方的极端言行，挑逗不同社会族群的对立，激发大众的负面情绪，以此来引起公众的关注和谴责。

事件营销差不多变成了"露肉""骂架""撕逼"的代名词。道德和法律的问题自然归有关部门去操心，老帕并不想站在道德的高地上去评判这样的事件，我们仅仅从商业的角度来看问题。

尽管这种方式的"事件营销"现在非常流行，尺度足够低的话也往往能迅速刷爆朋友圈。但最新的一项调查研究恐怕要让大家失望了，调查显示，即使大家都在讨论你的事件，也不意味者他们会去关注你，更别提成为你的用户了。现在的移动互联网用户，早已被各种热门头条事件训练的极度娴熟。打开一个热点新闻，浏览几秒，迅速看看标题和图片，然后关掉，或者转发吐槽几句。大家心照不宣的"就事论事"，根本没有人会有兴趣去了解背后隐藏着的产品和品牌，甚至在转发评论时，有意地删除相关的推广信息。当初刷爆朋友圈的"斯巴达裸男"，有几人记得背后是哪一家品牌的广告？又有几个人在看完了比基尼女郎的美臀，会去扫描二维码去看看是哪家公司在做推广？

　　为什么这样的事件达不到我们想要的营销效果？而"陈欧体"却能够让用户主动地去传播，达到那么好的推广效果？究竟事件营销该怎么做才能够打动用户，达到推广宣传企业的目的呢？

　　是不是代理公司太不靠谱？策划公司太懒太笨只会去做一些简单的炒作？不好意思，老帕说句公道话，和别人真没太大的关系，是你自己太懒太笨。你都不去分析你的用户，想清楚自己的目的，难道你还能指望代理公司、推广公司帮你去做到？连你都说不清你想干什么的时候，代理公司只能够按照最基本的 KPI 来和你谈生意，那就是点击量、阅读量这样的指标。所以 Agency 很容易的就做出了决定，那就是：安排裸男裸女们在闹市遛上一圈；苦逼新媒体文案段子狗们加班加点快速跟进各种传播文章；再放点警察叔叔出手的照片；事后再假惺惺地出一份"道歉声明"来曝光自己，一个标准的模版型事件营销就热辣辣地出炉了。至于效果如何，反正达到你要的点击量、阅读量就好了。

　　在老帕看来。事件营销并不是一个独立的事件炒作，而是用事件去激发用户的情绪反应，是整个营销环境的一个组成部分。不管你是想激发用户的负面情绪还是正面情绪，既然我们说是营销过程的一部分，那么一定要有营销的目的在里面，需要有一个完整的营销方案设计，一定要有用户和产品的设定。我们是在用事件去吸引目标用户，激发他们的情绪反应，然后让用户被我们的流程所引导，让用户在过程中获得心里的满足，产生高强度的正面情绪，最终达到推广企业和销售产品的目的。而不是仅仅为了制造一个事件去吸引公众眼球，那个是互联网的流量思维模式，不是移动互联网的情绪思维模式。

　　我们不应该将事件营销割裂成一个独立的推广行为，而是应该将其和社群运营相结合，成为我们整个营销环节的一个部分。而这个部分最重要的目的就是吸引目标用户、聚拢目标用户、引导情绪的产生。

　　所以又回到老帕一直说的问题，你到底有没有先动动脑子，考虑一下这几个问题：

◆　你的目的是什么？

◆　你的用户是谁？

◆　他们面对的外部压力是什么？

◆　这些外部压力会带来怎么样的损害？

◆　他们希望实现的心理图片是什么？

◆　你希望获得的情绪是什么？

　　从这个角度理解，我们就很快能够发现所有成功事件营销的共同点。

　　"陈欧体"，2012 年 10 月 12 日，聚美优品发布 2012 年广告。广告由其年轻高颜值的 CEO 陈欧主演，广告词如下：

　　"你只闻到我的香水，却没看到我的汗水；你有你的规则，我有我的选择；你否定我的现在，我决定我的未来；你嘲笑我一无所有不配去爱，我可怜你总是等待；你可以轻视我们的年轻，我们会证明这是谁的时代。梦想，注定是孤独的旅行，路上少不了质疑和嘲笑，但，那又怎样？哪怕遍体鳞伤，也要活得漂亮。我是陈欧，我为自己代言。"

　　针对互联网购物人群年轻的特点，聚美优品在这则广告中选择了考试录取、职场奋斗、恋爱表白等场景，展现了年轻人群所遇到的困难、质疑、挫折等外部压力（激发负面情绪）。通过"你只闻到我的香水，却没看到我的汗水""梦想注定是孤独的旅行，路上少不了质疑和嘲笑"等励志的广告词，以坚持和梦想之名来讲述奋斗故事，展现了年轻人的对理想的憧憬，对困难和质疑的不妥协（转化情绪）。而同为"80后"且高颜值的陈欧用自己作为励志偶像，更是丰满了整个故事，让整个故事更具有说服力，更具有真实感，更具有人情味（提供成功者图片，让用户进行自我替代激发正面情绪）。这个广告让目标用户在广告中看到了自己的影子，一下触动了目标群体的内心，也让用户内心受到极大鼓舞。聚美优品和陈欧成为了年轻人群奋斗成功的代表。"我为自己代言"成为了年轻人群自我激励的口号。

"Roseonly"同样是如此。针对于年轻都市白领的特点和外部压力，不论是让李小璐、杨幂、李晨等明星代言，还是在《小时代》电影里的广告植入，"Roseonly"都是在用一系列的事件来持续强化这样的"都市公主梦"画面，方便目标用户更容易地将自己代入到场景中。

"特斯拉充电桩"针对更高层次的目标人群，策划者提出了一个看似"不可能的任务"，让目标人群在这样的事件过程中获得了最大的价值体验。通过实现这样的"高难度任务"，满足了目标人群"有影响力"的自我认知实现。

"找准你的目标用户，寻找他们的外部压力，针对这样的外部压力设计事件，让目标用户在事件中获得成就感，强化他们自我认知的图片。"就这么简单，也别无他法。

而如果不去考虑这些，那么能够获得的只是一场有风险的"事件"而已。被提高的不是企业知名度、品牌形象、用户关注度，被提高的是有关部门约谈你的几率。在用户已经对这样的营销事件有了辨别力、免疫力的时代，你的"造势"多半会变成给自己"找事"！

"场景" 到底是个什么鬼?

　　"场景" 作为一个当下非常时髦的词汇，已经被打造成了移动互联网创业新的方向和模式。老帕查阅了一些相关的书籍、文章，发现其实现在说的非常火热的 "场景思维" 其实有两种不同的解读，是在说两种完全不同的商业模式。

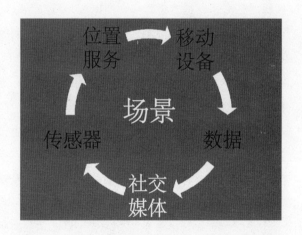

　　第一种场景模式，就是以美国人罗伯特·考斯特《即将到来的场景时代》为代表的模式。作者讲解了五种技术力量：大数据、移动设备、社交媒体、传感器和定位系统，以及这五种力量的联动效应。展示了技术的变革给用户带来的便利，作者认为："技术越了解你，就会为你提供越多好处!"同时，作者也对新的变革有可能带来的个人隐私等问题提出了担忧。作者断言，未来 25 年互联网有可能进入到新时代——场景时代。老帕对这种场景模式的总结就是："技术的发展可以让我们在生活的每一个场景获得更好的服务。"

　　但是不知怎么地，这种场景思维在国内开始流行的时候，就被简化成了
"精准营销"，大概意思是通过判断用户当下的情境需求，然后给用户推送
相应的广告内容，实现"在对的时间，对的地点为用户提供对的信息"终极
目标。就是通过技术抓取用户网络行为数据，用大数据分析挖掘用户需求，
以用户所在的时间、地点场景作细致准确的识别和判断，对用户作定向广告
投放，移动设备主要起到定位装置和广告投放屏幕的作用。"场景思维"被
解释成创造了新的流量入口，所以成了移动互联网下一个大大的"风口"。
这种模式最常引用的案例就是"当用户到达机场的时候，可以对用户定向投
放机票预订广告和目的地周边酒店和景点预订信息"。

　　对于这样的说法，老帕有自己的不同看法。老帕认为大数据应用的价值
在于，通过大量的用户数据归纳总结出细分用户群体的倾向和偏好，寻找细
分用户"群体共性"的趋势，并以此来预测可能出现的市场机会。而不应该
是针对具体的"个人"信息，进行跟踪、收集、挖掘和利用，针对"个人"
的大数据应用会面临两个难以逾越的障碍：技术障碍和与个人隐私相关的法
律障碍。

　　且不说这种"流量思维"模式本身能不能代表移动互联网的方向。看到
这种案例，老帕很是疑惑，有多少人是不订机票、不订酒店、不安排行程就冲
到机场去的？老帕甚至脑补出这样的画面："在机场找到新工作的保洁阿姨和
保安大哥头一天上班，就被推送了一整天的促销机票；飞机落地了，忙了一路
的空姐们刚刚打开手机，就被狂推了一堆周边景点信息；过年了，我们千辛万
苦地回到父母身边，却被推送了一个假期的酒店信息。"你还别不相信，现在
的"大数据精准营销"也就能精准你的 LBS 位置和浏览、网购记录而已。还记
得前一段时间那个事情吗？有个用户一时手残浏览了一下淘宝上寿衣的信息，
然后被抓取了 cooking，在与淘宝合作的门户网站上，天天被推送丧葬用品的

广告。现在的大数据分析也还在那个水平上，并没出现突破性的技术进步。在老帕看来，除非信息技术再经历一次重大的变革，现有的机器运算能力远远达不到罗伯特·考斯特书中所描述的场景。

就算大数据技术真达到了那样的分析能力，机器要想比你自己还了解你，必须全面准确地掌握你所有的个人信息才有可能做到。仅以上面我们说过的回家过年举例，机器至少要知道你的籍贯、你的父母是谁？你的父母是否健在等相关信息才有可能做出比较准确的判断。那你还有任何隐私可言么？试想一下："有个'它'在二十四个小时监视你的所有举动，在'它'面前你就像刚出生的婴儿一样赤裸裸。'它'比你母亲，比你自己，比世界上的所有人都了解你。在你还不明白自己想干什么的时候，'它'就会给你提出下一刻的行动建议。嗯对了，'它'还准备随时给你推送广告。"想到这样的场景，老帕汗毛都竖起来了，也太可怕了吧。也许有人会说："老帕你老了。这是年轻人的未来，他们会接受这样的新技术新环境的。"老帕可不这么认为，自从吃了伊甸园里的那个苹果以后，就没几个人喜欢光着屁股满街溜达。当然，你也可以拿"天体浴爱好者"跟我较劲。那你试试凑上去和他们说："IC、IP、IQ卡，通通告诉我密码！"，你猜他们会通通告诉你还是会报警抓你？本来老帕也写了一篇文章专门说大数据的一些问题，后来觉得太拉仇恨值，想想还是删掉算了。

即使是在原书中，罗伯特·考斯特也只是给我们展示了一个未来的幻想。关于"精准营销"也只是提出了一个概念性的设想。对于大数据什么时候能够达到这样的分析预测能力并没有给出很好的解答。尤其是在用户隐私权的问题上，作者自己也承认是一个非常严重的问题，无法被忽视。

"在开始创作此书时，我们还不能完全掌握隐私问题所涉及的人群范围……但每写一章我们就会发现新的隐私问题，有些问题相当严重，无法被忽视。"

——《即将到来的场景时代》

对此作者也无法给出很好的解决方案。只能以含糊的语句来回避问题。

"我们认为，从场景技术所获得的利益值得我们付出一些个人信息。"

——《即将到来的场景时代》

而在我们身边，这种"定点精准广告投放"的场景思维已经作为一种"成功商业模式"开始流行起来了，在很多的创业项目计划书中已经作为主要的"钱景"被重点提出。也难怪现在各种 APP 都要求用户的地理位置授权，原来都憋着劲准备投放定点广告呢！对于这样的授权申请，老帕的原则是一律禁止！

更有甚者，听说小米和滴滴联合推广红米 note 的活动也被一些"砖家"称作"场景模式"的应用，老帕和老帕的马甲们都被惊呆了！这是用户群相近的品牌在做联合推广好不好！如果这也能称之为最新的移动互联网思维，那我们真的要被传统厂家笑死了。人家可口可乐和品客薯片这么做已经很多年了，这是最常规的促销手段之一，实习生都懂的事情。你们还拿着当新思维？还模式？怨不得传统企业的朋友把互联网经济说成是"吹牛逼经济"，说咱们这些"搞"移动互联网的不靠谱啊！老帕真的很怀疑这些"砖家"们平时除了几篇微信文章以外到底还看些什么东西？

　　第二种场景模式和老帕所倡导的情绪思维模式就比较接近了。就是强调在营销和推广中，理解用户使用产品和服务的场景；用场景的设定，引导用户产生你需要的消费行为。与我们刚才说的第一种模式相比，老帕觉得这种"场景模式"更接近"场景"的真实定义。第一种准确地说应该叫做"情景模式"更加恰当。因为我们在刚才的分析中可以发现，第一种模式更偏向于真实生活环境下的用户体验。

　　而"场景"的真实定义更偏向于在小说、戏剧中虚拟的、设计的环境。这种模式的基本逻辑是这样的，我们有一种将自己的行为调整得和外界环境一致的心理本能。只有我们达到了这种一致时，我们才能觉得舒服和自在。这种本能应该是来源于我们的祖先，他们在追逐猎物和躲避捕食者时形成了这样的基因记忆。这种本能导致了我们会受到周围环境的影响，下意识的表现出符合周围环境的行为模式。同样，我们也有另外一种本能，我们会受到周围人群的影响，表现出与周围人群一致的情绪反应和行为模式，这种本能应该是来源于我们的祖先在集体捕猎和劳动中形成的基因记忆，社群共同性的形成就是来源于这样的基因记忆。设计并且给用户提供"场景"画面，引导用户的情绪以及行为就是老帕所说的"场景模式"。针对这两种不同的心理本能所设计的场景形式，老帕称之为"环境场景设定"和"社交场景设定"。

我们通过了解"场景"的基本含义就能大致了解这种模式。

场景，指戏剧、电影中的场面，泛指情景。

基本含义：

①影视剧中，场景是指在一定的时间、空间（主要是空间）内发生的一定的任务行动或因人物关系所构成的具体生活画面，相对而言，是人物的行动和生活事件表现剧情内容的具体发展过程中阶段性的横向展示。更简便地说，是指在一个单独的地点拍摄的一组连续的镜头。（《影视剧创作》P162）

②泛指生活中特定的情景：这场景令人难忘。

整部或部分电影的拍摄场地。

Scene（场景）

电影需要很多场景，并且每个场景的对象可能都是不同的。与拍电影一样，Flash 可以将多个场景中的动作组合成一个连贯的电影。当我们开始要编辑电影时，都是在第一个场景 "Scene 1" 中开始，场景的数量是没有限制的。

——百度百科词条"场景"

和其他的模式一样，这种模式也并不是在移动互联网时代才出现的新鲜事物。除了影视作品以外，在线下也有很多成熟的应用。举几个简单的例子：

环境场景设定：当你旅游的时候，在很多名胜古迹你都会发现，在一些池塘里、花坛里都会有游客投掷的硬币、零钱，在这个时候，往往你也会掏出一两个硬币随大流投进去。不论这是景点有意设定的还是游客自发形成的，这就是一种典型的环境场景设定。不管怎么说，你不会把硬币扔到马路边的下水道里面，因为没有任何场景会让你产生往里投硬币的念头。你也有可能在马路上会把硬币投到乞讨者的碗里，乞讨者碗里事先放好的零钱就是环境场景设定。如果身边已经有人给他的碗里投了硬币，那就更加增大了你投硬币的几率，而这就是我们接下来要说的社交场景设定。

社交场景设定：这种场景设定我们最熟悉的就是"托儿"了。为什么很多人会被街头骗术所蒙骗，除了贪图钱财这个基本的人性弱点以外，"托儿"所形成的的社交场景也是重要的因素。又要说到娱乐界了，你以为老帕要说春晚主持人董卿了么？呵呵其实老帕要说的是芒果台，在你观看湖南卫视《我是歌手》时，现场那些哭得天昏地暗的"高演技观众"就是节目制作组给你设定的社交场景，目的就是为了让你被他们的表现所影响，尽快被激发出类似的情绪反应，快点变成节目的铁杆粉丝忠实观众。

与老帕所说的其他内容一样，在移动互联网时代运用场景模式，最重要的是要了解你的目标用户，按照用户的心理特点和自我认知给他提供场景图片。场景设计越符合用户的心理特点，越贴近用户自我认知的心理图片，用户就越容易进行自我替代达到心理满足。对于低年龄段、女性等偏感性用户，可以使用大量类型接近的场景套图供用户选择替换，详情参考《小时代》"Roseonly"案例分析；对于年龄较高、男性等偏理性用户，需要使用有逻辑的连续套图让他逐步达到心理代入，详情参考"小米""三个爸爸""特斯拉充电桩"案例分析。这和小女孩喜欢琼瑶、郭敬明，到一定岁数以后的男性喜欢《三国》《水浒》的概念是一致的。

　　"环境场景设定"在移动互联网时代，更多地体现为我们通过图片、视频、文章、事件所输出的内容。广告、软文、事件、情怀性的口号甚至包括项目创始人的个人形象，都可以是这样的环境场景设定。比如聚美优品的"陈欧体"广告，《小时代》里面堆砌的奢侈品，郭敬明自己中性、全身奢侈品的个人形象。这个和我们看电影时候的心理活动是一致的，我们看小说看电影的时候把这种好的场景体验叫做"身临其境"！差的场景体验叫做"昏昏欲睡"！所以你明白为什么现在明星们那么有钱了吧。为什么任泉，黄晓明都做投资人了。实在是因为我们还在讨论、研究的新模式，在人家娱乐界人士眼里真的不是啥新鲜东西，人家就是靠这吃饭的，是看家本事。呵呵，半句玩笑话。大家千万要往心里去啊！

　　"社交场景设定"，主要体现在我们通过社群运营的方法，与用户产生有效互动形成思想、行为统一的群体。详情参考章节——社群运营的"道"与"术"。这里就不重复阐述了，省得你们说老帕凑字数骗钱。

不好好说话是门学问，老帕给你三根救命毫毛

在移动互联网时代的时代，碎片化阅读成了用户接受信息最主要的方式。不管这种现象带来的效果是好是坏，用户碎片化的阅读习惯已经养成，已经成了事实。对很多的用户来说，除了偶尔看看电视，工作学习的时候用电脑以外，基本上手机是唯一的信息来源。在媒体和信息极度过剩的今天，用户对待一篇文章的态度可以说是非常残忍的。

（艾媒咨询）数据显示，微信公众号用户每天在微信平台上平均阅读6.77篇文章，47.62%的用户平均每天只阅读1~4篇文章，35.71%的用户每天阅读5~10篇。2015年微信公众号文章的平均阅读时间为85.08秒，从这可以窥见大部分微信公众号用户仍以快餐式、碎片化阅读为主。

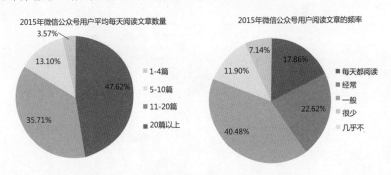

大部分用户阅读内容的习惯大致是这样的，是按照 1/15/3 这样的顺序在审视你的文章：

花 1 秒钟扫一眼你的标题和图片，决定是否有必要花费流量和等待时间打开文章；

花 15 秒钟阅读前半部分，判断内容是否符合他的需要。发现你是个纯

标题党在忽悠他，则关闭文章。如果觉得文章内容不错，继续往下看；

最多花 3 分钟阅读全文。如果在二三分钟之内没有阅读完，用户会快速滚动屏幕浏览剩余内容，感觉后面内容价值一般，关闭文章，觉得价值还不错，收藏留待下次阅读，但是，基本上收藏也就是收藏了，文章被再次打开的几率非常小。如果用户完成阅读后觉得内容有价值，被激发了情绪反应，用户会转发内容并加以评论。

所以对于你来说，需要做到让用户 1 秒钟之内打开内容，15 秒钟被内容吸引，3 分钟达到情绪反应强度，产生表达和分享的欲望。而且你还要祈祷用户在这 3 分钟内不会被朋友发来的微信、突然打进的电话、地铁的到站提示音、厕所外不耐烦的敲门声、突然出现的工作任务所打断。一旦用户结束阅读，基本上他自己再也找不到这篇文章了，因为他根本记不得是从哪里看到的这篇文章。很快用户就会被其他的标题所吸引，开始新一轮的 1/15/3 筛选过程。

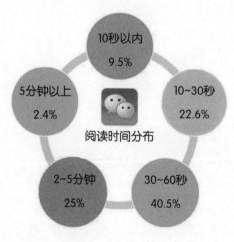

所以标题党是必须的！

没有办法，如果你看到这样的文章标题"网络语体在新媒体语境中运用上的多样性动态性混合性特点解析"，反应是什么？我的妈呀！这句话老帕自己来回读了好几遍才读清楚。但其实这就是老帕这篇文章所要说的内容。可是你会打开么？你确定在来回晃动的地铁上你不会被这样的文章标题晃晕？所以这篇文章标题就变成是"不好好说话是门学问，老帕给你三根救命毫毛"，这样你的阅读欲望高多了吧！

　　用户在碎片的阅读时间里面希望获得什么样的体验？绝不是听老师讲课、看新闻联播、被领导训话这样的体验，而是和同学朋友们轻松、愉快的交流的体验。如果你和老帕一样，没有咪蒙那么出色的文笔，又想在碎片化时代用内容吸引用户，老帕给你三个建议，就是：

语文老师气死！数学老师爱死！教导主任恨死！

　　因为用户是用碎片化的时间在阅读你的内容，除了你的内容需要更多口语化的感觉以外，要想达到吸引用户的效果，你可以有几种选择：

　　放宽下限，但是低下限不等于没有下限。呼之欲出、欲说还休是最好的效果。比如前一段时间经常被使用的一句话："我裤子都脱了，你就让我看这个？"整段文字不带有一个脏字，但是文字里面所包含的意思，大家肯定是会呵呵的。老帕就不解释了，真有不明白的同学对比百科的词条解释原文了解吧。

　　"我裤子都脱了，你就让我看这个？是用于表示一种不满的成句。简化为裤脱我看、裤脱看。现多用于在视频分享网站上，被华丽带有一点颜色的视频封面吸引，结果点进去以后发现视频内容和封面有出入或者根本就算瞎眼物，此时就有人感叹到：我裤子都脱了，你叫我看这个？也可以理解为打开的姿势不对。"

——搜狗百科《裤脱看》

　　在这点上，杜蕾斯可以说是分寸感把握得最好的品牌。杜蕾斯这样的产品在中国是很敏感的东西，传播渠道一直非常受限制，在传播时必须要规避的红线很多。它的广告和宣传内容一直都做得非常经典，将产品的功能介绍用幽默甚至夸张的语言文字和图片形式表达出来。在欲说还休的内容中传递着"你懂我也懂"的幽默感。

2011 年 6 月北京连续大暴雨，各个城区到处都陷于洪水泛滥。"来北京，带你去看海"成了那个夏天的流行语。和这场暴雨被一起铭记的，还有新浪微博上被网友疯狂转载的杜蕾斯的经典语录："今日暴雨，幸亏包里还有两只杜蕾斯。"事件表面是这样的：一位暴雨中的上班族，将两只杜蕾斯安全套，套在自己的运动鞋上走入雨中，拍照后发微博。于是，这条广告意图明显但是非常幽默的微博在暴雨里瞬间火遍新浪，占据了当日新浪微博转发排行的第一名。

这样的营销事件也传递给我们另外一个信息，用户其实并不太在乎你是不是广告贴，只要你的内容有价值，能够打动他们，他们依然愿意去帮你转发。

要弯得下去腰。你需要时刻提醒自己不是站在讲台上，你的听众一只脚就站在门外面。所以，别有那么大的架子，该自嘲就自嘲，该自黑就自黑。

画面感，叙事语言的表达要有画面感和场景感。文章内容要能让你的用户在最短的时间里脑补出图片来。譬如说我们刚才说的"我裤子都脱了，你就让我看这个？"就是典型代表。当然这是需要文字功底的，偶尔灵感一现迸发出一两句"金句"还有可能，天天吐金句难度太大。既然语文老师都被你气死了，那你肯定达不到这样的文字水平。没关系，我们有投机取巧的办法，文字不行就用图片来弥补，效果上肯定会差点儿，但也差不太多。别不好意思，大家都是这么干的，老帕也没有那个文字水平。但是注意，别用像素太高的图片。太浪费用户流量了，而且在地铁上打开速度太慢，用户不会有太多的耐心等待的。

混搭、解构和再造经典语句、经典故事。对传统人物、经典语句的解构和再造，是一种比较简便有效的办法。原因在于：

经典语句在文学结构上本身就非常优秀，进行替换比较容易达到朗朗上口的效果；

201

　　用户对经典语句比较熟悉，很容易记住你的内容。

　　经典语句和故事往往作为一种"文字偶像"长期高居庙堂之上，对大多数的用户都会形成心理上的压迫。在很多时候是和压抑、艰苦、批评这样不快乐的情感记忆联系在一起的。譬如说：语文书上被要求背诵的课文；在艰苦的高中时期教室四壁上的"名人名言"；老师和家长在批评时引用的"名人故事"；领导老板在夸夸其谈时喷出来的各种官话套话。所以，解构、混搭经典语句和故事可以让用户获得叛逆的快感，有种打败高高在上的文字偶像的快乐。这种共同干坏事的快乐很容易让目标用户形成对你的心理认同，也很容易激发用户分享的欲望。段子里面说的三大强关系不是也有"一起干坏事（老帕用这三个字替代了一下，你懂得吧）"的说法么。前一段时间流行的"李雷和韩梅梅""妈妈再打我一次"都是这样的案例。赵丽蓉老师在小品里面说的"司马光砸光"的笑话也是这样的范畴。再不开窍的话，可以看看周星驰电影里的对白，尤其是《大话西游》的对白，你就能明白了。

　　但是，一定要注意你做的是解构和再造经典。目的是制造出带来幽默和快乐的内容，达到的效果是"会心一笑"的程度，是为了建立和目标用户的心理链接。千万不要过火，绝不是去践踏和侮辱经典！你真那么干被人打了，被封号了别说是老帕教你的！即便如此，你也要注意：多用虚拟人物少用真实人物；多用国外名人少用国内名人；多用古代的少用现代的，实在要用最少也得是 1949 年之前的，原因就不用老帕解释了吧。

另外，用宠物或者小动物照片或者视频作为主体，配上拟人化的文字解说的内容，也算是解构和再造的一种方式，我们就不再去专门讨论了。

观点清晰，昂得起头颈。在腰身低下去的同时，你文章传递的思想要端得起来。看清楚，老帕说的是"清晰"的观点，而不是说的"正确"的观点。为什么？俗话说的好："屁股决定脑袋"。同样的一件事情，不同的用户群体，从不同的角度解答会得出不同的结论。很难说谁的观点就是正确，谁的观点就是错误。正如老帕在前文中举的《小时代》的例子，"郭粉"和公知"大 V"基于不同的角度，得出了完全相反的观点。我们能够去说谁对谁错么？在很多的时候，用户并不是在寻求客观事实。只是在寻求符合他们价值观的表述。所以，不管是你还是老帕，我们都没有那个高度去评判哪种价值观正确与否。你需要做的是**"清晰地传递符合目标用户价值观的观点"**。如果你想让用户爱你，想聚集相同属性的目标人群，你就要明白用户的价值观是什么样的。你只有和目标用户在价值观上达到契合，用户才会认可你。你的文章不能只是段子和片汤儿话的集合。轻松的文字形式目的是为了让用户更容易去理解你的价值观。不管是高晓松、韩寒、咪蒙还是郭敬明，"大 V"们都是一样，他们的文字无论是诙谐幽默、还是犀利透彻，都是为了让粉丝更容易去接受他们所传递的价值观。只有价值观和用户心理图景契合，用户才能够变成你的粉丝。呵呵，你们会不会说老帕绕了半天终于又绕到这里了？没有办法，这是本书的核心内容，是老帕认为的移动互联网最核心的观念和思维逻辑。

逻辑清晰，你的观点可以另类，可以小众，但你的论证过程必须符合逻辑。虽然我们说过，群体会表现出极端、非理性、推理能力降低、思想情感易受旁人传染的特点。但那是在用户成为粉丝以后的变化。在这之前你还是需要有清晰的逻辑去推导出你的观点，这才能让你的目标用户接受。"鸡汤段子"也得先把内容朝马云、王石、白岩松脑袋上安，这才让你信以为真；各种真真假假的"养生贴"都要说张仲景、孙思邈、李时珍，实在不行也得编一个90 岁老中医、家传刘太医什么的，才能忽悠你去喝绿豆汤吃红薯。就是因为很多时候，这些观点无法用逻辑推导出来。为了忽悠你，只好编一个名人来作背书提高可信度。

但是用户不傻。不管你是想赞美谁，还是想批评什么，光亮明观点是不够的。只有当你的观点和证明过程都被接受时，目标用户才能被激发出"这小子说得太对了，甚合朕意！"的情绪反应。转发你的文章才是在为用户自己认可的观点加油助威，才符合用户强化自我形象的目的。否则就是骂大街，喊口号了，谁会去转发这样的东西？也太有损自我形象了吧。

激发分享的秘密

分享的价值不用多说，只有激发分享才能形成用户人群的互动，才能传播你的内容，才能形成你的社群，才能吸引更多的潜在用户。无分享、无传播，无分享、不社群。打开朋友圈，剔除那些刷屏的微商广告。我们大概会看到这样一些类型的好友动态：帝都的小伙伴们又开始转发各种雾霾的照片和段子；张三出席一个会议，见到了你一些你压根不知道，但是据说很牛逼的人，张三也凑上去合影，发朋友圈说："今天参加 xxx 会议，见到了 xxx，他的讲话非常智慧……获得启发……"；韩梅梅被朋友邀请去吃了一家有名的餐馆，虽然并没觉得好吃在哪里，但还是会分享和羊排、小黄瓜的合影，写着"美味好吃开心么么哒"；李雷觉得某个段子很好笑，分享给大家看；你又转发了几篇有价值的创业干货文章；隔壁老王又开始抨击某个社会不公现象；

休产假的张姐又开始定时定点晒孩子的照片；社区李阿姨又开始转发鸡汤段子、厨房百招。激发人们传播的诱因有很多：爱炫耀，爱比拼，摆姿态，表态度，博关注，传段子…… 但在老帕看来，促使用户分享的原因只有两种：用户即刻的情绪反应，用户在分享中获得了价值。

即刻的情绪反应

◆ 负面的即刻情绪

负面的情绪反应很容易激发用户的分享。我们说过，负面情绪的力量更大。譬如说，用户按某个推荐去餐馆吃饭，结果发现很难吃，分享出去吐槽一下，让大家以后别来。用户看到了反感的社会事件，分享出去进行抨击，表达自己的愤慨。所以老帕也说过，有的时候，在一开始我们需要去强化一下用户的负面情绪反应（牙医的钩子）。而很多低俗事件营销正是基于这样的传播逻辑。但他们只强调激发负面情绪带来的传播效果，而不去通过设计引导用户的正面情绪反应就大错特错了。

正如我们在前面事件营销的内容中说到的，如果你提供给用户的内容是一件让他反感的事件，那么这个事件本身就已经和负面的情绪反应连接在了一起，即使他分享了你的内容，获得利益的也不可能是你。老帕在《小时代》的章节里面举过这样的例子，公知大 V 的言论让郭粉们怒不可遏，郭粉们被这些负面的言论激发分享，进行强烈反击。获得利益的是公知大 V 么？恰恰相反，获得利益的正是公知们希望打击的郭敬明和他的《小时代》。从另一个角度说，一旦你的企业形象在用户心里被定义为负面形象的代表，哪怕他们因为种种原因尝试了你的服务，他们也不会在社交媒体上去分享他们的使用体验。因为这样会损坏他们自己的个人形象。所以老帕还是再次给大家提个醒，低俗事件营销手段千万千万要谨用。一张"白纸"虽然没有美丽的画面，但总还有机会，要是已经被踩上了一个大脏脚印，想擦掉就难了！

◆ **正面的即刻情绪**

　　正面的即刻情绪反应往往和用户的心理满足相关联。一般来说，用户不会马上就直接的正面情绪作出分享动作。用户会下意识地再次审视一下自己的这个情绪反应，对比一下是否符合自我形象的设定，然后再去作是否分享和如何分享的决定。譬如说，你吃了一顿非常可口的饭菜，感觉到很饱很满足。一般情况下，你不会马上分享一条朋友圈说："今天吃 XXX，好饱，好开心。"这样只会显得你像头吃饱了哼哼的猪。你会根据自我形象设定，把这种情绪调整一下再作分享。如果你的形象是女汉子，那么大概会是："朕今天下这个菜馆啦！ XX 菜好吃到 Cry ！"。如果你的形象设定是都市小公主，那大概就会是："感谢 XXX 带人家来吃著名的 XX 菜，美味极了好开心么哒"。如果你的形象设定是注重生活品位的高端精英人士，那大概就是："今天品尝了 XXX 杂志推荐的 XX 菜品，从选料、厨师处理的细节上都体现了 XXXXX。非常完美。"

　　用户在分享中获得了价值

　　有很多企业一看到这条，马上又犯了思想懒惰、模仿勤奋的毛病，使用简单的促销手段去强制用户分享，低估了用户的智商，忽视了用户的心理体验。举个例子，老帕和朋友去餐馆吃饭。经常会碰见这样的情况，扫描二维码将某某促销信息分享到朋友圈微信群，即可获得送菜或者打折优惠。分享吧，有点丢人是不是，看上去老帕好像一个贪图小便宜的人。不分享吧，白送个菜实惠啊，确实想占这个便宜。不知道你们是怎么做的，老帕的解决办法是丢到一个只有马甲的分组或者群里面。对付各种外卖和打车的优惠券基本上也是这么做的。别笑话老帕，你们大多数人也是这么干的。为什么？ 因为分享这个行为对我们来说并不是一件简单的举手之劳，我们所有分享的内容代表了我们对自己的形象设定。老帕一直在强调，构建完美个人形象对于我们每个人来说都是一件成本极其高昂的事情。你能够给到我多大的利益才能让我去主动损坏自我形象呢？所以，这种价值一定得是让用户获得心理满足的价值，而不是简单的物质奖励。

所以说，你提供给用户的内容一定要有心理价值，要让目标用户能在分享中获得心理快乐和满足。而这种满足最主要的来源就是"自我形象"的丰满，只有这样才能激发用户的炫耀心理，让用户才能产生分享的欲望。让我们看看炫耀的情绪来源，从本能和社会学两个角度来理解用户在炫耀时的心理活动。

首先，炫耀源自动物的本能，是最原始的社交方式之一。物竞天择，动物们通过炫耀展示自己的实力，给竞争者施加压力让它们知难而退，避免不必要的争斗；同时通过这种实力的展示，向异性显示自己获得食物的能力、个体优秀的基因，以此吸引异性的注意。为自己获得更多的食物选择权和配偶选择权，为个体和种群争取更多的生存繁衍机会。类似于雄狮通过怒吼吓退争夺猎物的鬣狗，雄性大猩猩通过捶打胸口展示自己的强壮，孔雀炫耀自己的美丽羽毛传递健康的信息。

然后从社会学的角度上来说，炫耀者的心理特征与儿童期心理特征非常相似。儿童的自我意识还没有发展成熟，所以没有办法对自身行为作出正确的评价，儿童需要通过成年人的认同来获得自我肯定，从而建立自信确定自己的身份和能力。

"炫耀心理研究：人的本性是不满足。炫耀是一种不成熟、不自信的表现。爱炫耀的人对生活和生命都缺乏安全感，他们企图通过炫耀自己来找到生活的感觉。缺乏安全感的人，一般都有过强的自尊心。但是自我的能力总是有限的，他们在认为自己无法超越别人，或者不知道如何在这个群体中超越自我，或者自信心不足时，就会采取一种特殊的方式来凸显自己的价值。这种方式就是炫耀自己，通过炫耀显示出自己所处的位置，找出自我存在的价值，将自身对生活的恐惧悄然转移，实现自我感觉良好的状态。以"炫"为乐的人，内心大多存在很严重的缺失。"

——百度百科"炫耀"

　　女作家亦舒曾经说过："真正有气质的淑女，从不炫耀她所拥有的一切，她不告诉人她读过什么书，去过什么地方，有多少件衣服，买过什么珠宝，因为她没有自卑感。"在某种程度上，一个人炫耀的内容几乎相当于一个心理投射测试。炫耀什么，更说明一个人知道自己的内在图片缺少什么。我们说过，现在的都市人群往往给自己构筑了过于高大完美的自我图像，而这种自我图像与实际反馈之间的差距，就会让用户经常感到不自信和缺乏安全感，用户需要不停地补充图片像素来稳定自我形象，而炫耀就是他们常用的手段之一。用户在有意识地通过这样的炫耀，去补足内心的图片缺失部分。所以我们也可以这么理解，分享的内容在大多数的情况下并不是给别人看的，而是自我满足与自我实现的过程，是用户为了完善自己的心理图片所作出的行为。当然如果能够获得别人的点赞和正面反馈，就是一件更令人快乐的事情了。说句题外话，为你好友的朋友圈动态进行简短的赞美是最好的社交手段，是一件非常非常"攒人品"的举动。持续 10 次的赞美比你请她吃顿饭还能够让她快乐，不信你试试？但是记住啊，是简短的文字赞美而不是"已阅"式的瞎点赞。

　　在激发分享的设计上，美甲 O2O 河狸家就做得很用心。他们的美甲师个个打扮得像空姐一样，穿着统一的紧身小制服，手里拉着小皮箱，脚下踩着小高跟。她们跑到公司里面给白领们做美甲，美女们做完美甲以后分享率极高。为什么？享受这样的服务本身就是一件能够提升用户自己形象的行为，是一件完全值得炫耀的事情。这样激发分享设计得非常聪明，非常有价值，完全符合老帕在前文里说的"场景"设定的概念。拿上面我们说过的餐馆举例，如果他们换一种促销方式，不再强制要求顾客去分享他们的促销二维码，而是请顾客把他们的招牌菜品照片分享到朋友圈，然后随意的加上几句表扬，就可获得折扣。如果把一些高端、精致、非常显示的身份和品味的文字内容悄悄地印在桌卡上，事先就给用户准备好呢？我想很多的人都愿意去分享这样的内容，即能获得实惠又能提升自我形象，何乐而不为呢？吃前"拜菜"发照片，本来就是很多现代都市人的就餐习惯了不是？所以老帕又要啰嗦一下了，别光看到了人家 O2O 的表象就去模仿复制，仔细研究一下背后的商业逻辑和思维模式吧。

　　所以我们应该以客户的自我感知形象为出发点，结合服务内容和产品特性来为用户设计分享方式，将产品和服务作为分享内容产生的工具。让用户能够用这样的工具去构建自我形象，实现心理满足，获得额外的消费体验。分享就成为了整个服务体验的一部分，成为了你提供的增值服务。用户的分享就成了自传播行为，而你不再需要为此支付额外的成本。

结　尾

重要的话再说一遍

　　每一种占领市场的商业模式都有其背后的逻辑。都是因为发现了经济、技术、社会环境带来的新机遇，找到了在当时的环境中最优化的一种解决方案。

　　在改革开放初期，由于商品和服务的供给严重不足，巨大的消费需求无法被满足，所以生产出符合用户需求产品的生产者最早获得了改革开放的"需求红利"。

　　而随着产品逐渐丰富，连接用户与产品之间的销售环节成了最主要的"瓶颈"。当原有的国营商业体系因为先天的原因无法给用户提供性价比更高的产品时，各种新型分销、零售业态出现了。由于他们掌握了用户购买和消费的入口，在整个商品生产销售的环节中占有的话语权越来越大。"小商品城""成为了"流量经营"商业模式的鼻祖，最早获得了"流量红利"。而随后出现的"XX一条街"，各种"专营店"、shopping-mall，各个不同层级的分销渠道都是这种流量经营模式的细分和进化。在背后推动这种细分和进化的原因是：经济的发展带来用户消费能力的提升；国家在基础设施上的大量投入有效解决了物流的问题；信息技术的发展解决了信息流的问题。在21世纪初的时候，物流和信息技术的发展让分销渠道失去了存在价值，零售商作为用户购买产品的直接流量入口具有最大的话语权。大型连锁零售商具备了甩开分销渠道，直接与生产厂家对话的的能力。"国美""苏宁"这样的连锁零售商快速崛起，通过疯狂扩张、互相兼并来抢占线下流量入口。

　　以PC为代表的互联网时代是流量经济的时代。在互联网环境下，世界是宏观的、扁平化的。互联网时代的用户是数据化的、商品化的、抽象化的，用户被抽取了消费属性，换算成了一个个流量点。互联网的革命性就在于对供给信息与需求作最高效的匹配（这个供给信息不仅仅指的是商品信息，内容同样是一种供给信息），这种变化，让电商平台成为了线下零售模式的继承者和颠覆者。由于网络的特性，商品的展示不再有物理上的限制。理论上，每一个电商平台都可以无限扩大经营品类和经营范围。而网络的特性，又使得用户的消费体验被更加集中在"性价比"这一个方面。所以我们看到越是低端、低品牌附加值的商品，越是标准化的商品就越早被电商平台纳入。而这类商品的线下销售渠道也最早受到毁灭性的打击，这样的商品特点使得"用价格吸引用户获得流量"成了电商竞争的唯一手段和目的，将"性价比争夺流量入口"的商业模式推广到了极致，也逐步将价格战扩大到了几乎所有的商品品类。在对线下传统零售业态产生毁灭性打击的同时，也导致了线上流量入口价格越来越昂贵，产品的价格战愈演愈烈。导致追求"性价比"的产品思维风险越来越高，收益越来越低。传统媒体环境的局限，让绝大多数的国产品牌并没有真正获得品牌溢价，而只是做到了商品的质量背书，所以并无法逃离性价比竞争的红海。在互联网以及之前的时代，用户是笼统、抽象的用户，是"经济人"。"性价比"是传统时代、互联网时代最主要竞争手段，"流量思维"是这个时期最主要的商业逻辑。所以老帕将互联网时代的变革称之为"半个"但是"重大"的变革！

　　移动互联网到底改变了什么？如果仅仅将这个词理解为"移动的互联网"，只是把眼光放在技术带来的实时沟通、LBS 定位等功能上就大错特错了。从技术上理解，只是将互联网从 PC 机上搬到了移动智能终端上，并不能算是一个巨大的技术进步。但就是这个简单的搬移让整个用户行为发生了颠覆性的变化，让在 PC 时代的"量变"变成了"质变"，让用户行为发生了本质上的变化。所以老帕称之为第二次重大的变革！

　　这种变化的核心在于完全解放了用户的"嘴"，自媒体、新媒体、线上社群的快速出现都是来源于这种解放；移动智能终端完全适应了快节奏的现代生活带来的碎片化场环境。这两种变化的相互融合、相互促进让信息的生产、传播、消费方式发生了颠覆性的变化；让 PC 时代无法成为主流的 BBS、博客变成了微博、微信、今日头条，成为了最重要的媒体形式；让 PC 时代作为补充功能的实时通讯软件 QQ 变成为了微信、陌陌这样的线上社交平台，变成了最主要的社交形式。所以，在移动互联网的环境下，世界是微观的，是一个个突出的点的集合，这一个个点就是各种不同价值观的人群。移动互联网时代的用户回归了社会人的本质，是社会化的，人性化的，具象化的细分人群。这样的环境变化给我们带来的机遇就是：能够更准确地找到目标用户，更快速地发现细分的市场和需求，更精确地给用户画像，能够随时随地、随时随刻地与用户联系在一起，能够随时随刻地用社交媒体和社交平台传播我们的内容，引导用户的情绪。对于一些已经实现了互联网化的行业，要想走出一条突围之路，就必须采用更适应环境变化的商业模式，更先进的战略思维。"情绪思维"是老帕认为移动互联网时代最重要的商业模式，没有之一！而我们需要做的是，不再把用户简单地理解为"经济人"，不仅仅再认为只有购买产品和使用服务的时候才是消费体验过程，不再把"性价比"作为我们传递给用户的信息内容。而是应该从用户的心理需求角度出发，去发掘消费行为背后的情绪因素，画出用户"自我认知"的心理图景相片。改造我们的生产营销流程，让消费的过程成为用户的情绪被激发、发酵、转化的过程，成为用户提升心理图景，实现心理满足的过程，为我们获得更多的移动互联网时代"红利"。在老帕看来，移动互联网商业模式需要具备以下几个特点：

● **把用户看作是一个有感情的人，而不是笼统、抽象的消费者；**
● **商业逻辑基于情绪思维而不是流量思维；**

● **给用户提供的是满足情感需求的体验过程，而不是满足功能需求的性价比商品。**

　　老帕尽力为大家解读当下流行的"粉丝经济""社群""参与感""场景"背后的思维逻辑；分析"柯达""诺基亚"失败背后的"性价比"陷阱；总结"小米""三个爸爸""小时代""Roseonly"等成功案例背后隐藏的商业逻辑；阐述"痛点"思维、O2O模式等"互联网＋移动"模式与移动互联网模式有何本质的不同。期望能够为大家找到移动互联网时代创业的"方法论"，找到获得"移动互联网红利"的战略思想和战术手段。简单地阐述了"情绪思维"模式在实际当中的运用方法，如何获得用户、建立并运营用户社群，如何做事件营销，如何理解场景，如何激发用户的分享欲望，以及在移动互联网的环境下，我们应该用什么样的文字形式去表述我们的内容。

　　老帕是一个学管理出身的理工男，看的书不少，却很少有机会提笔写东西，文字能力确实有限。要是您觉得读起来不够通顺，老帕在这里先给您陪个不是。老帕将自己对移动互联网的认知尽量清楚、准确地表达出来，希望能给大家提供一个新的思维方式，一种解读移动互联网商业模式的新方法。移动互联网对我们所有人而言都是一个新的环境，老帕更希望能够得到你的帮助和分享，让我们一起来完善"情绪思维"模式的整个理论体系、商业逻辑。

年轻创业者，请学会低成本创业

　　这是额外的章节，与全书的关系并不是很大。是老帕有感而发的文章。老帕作为创业比赛评委和项目评审导师看了太多的大学生创业项目。一直以来，老帕都很想写一篇这样的文字，但是一直没有落笔。为什么？因为老帕已经被称为"老拍"了，很多人都认为老帕的文字和语言太直接，伤害了很多人敏感的心灵。所以，为了自己的前途，很多时候老帕也是尽量忍着不去发表观点。但是这一次，老帕觉得有必要写些东西了。除了在前言里面说到的大学生创业者，在这两天，另外一件发生在老帕身边的事情也刺激到了老帕。

老帕有一个朋友，一个很聪明的年轻人，对自己的领域和客户也非常熟悉。但是老帕一直给他说，他最大的问题就是高估了自己的把控能力。老帕一直提醒他，不要动不动就 All in One，一定要控制成本，先小范围试错，在商业模式已经被反复打磨，已经被市场检验了之后再做投入。但是他一直认为，市场机会稍纵即逝，看见了就要全力投入。他老是说："帕哥，你年纪大了，太保守了。"但是前些天，老帕收到了这样的短信：

　　老帕在前言部分说的那位大学生创业者，在花了 10 多万开发产品以后，现在为了产品推广又在到处申请创业贷款。而老帕那位年轻朋友，到现在已经不知所踪了。

　　老帕也承认，有的时候市场机会真的稍纵即逝，我们是需要抓住机会全力以赴。如果作为年轻创业者的你有耐心往下看，愿意听老帕絮絮叨叨（可能老帕真的是年纪大了），那么老帕给你的建议就是一定要学会**低成本创业**，把所有不必要的开支都去掉！无论你觉得自己的项目有多好，市场前景有多么大，自己有多聪明，是不是三个马云加两个马化腾都比不上你。也请一定先学会**低成本创业**！

　　实现低成本创业，首先就要跳出思维定式，寻找最轻的解决方案。

　　在老帕的微信文章《"痛点"是个"伪"需求？》和《创业者该如何跳出思维定式，打造新型商业模式——"痛点"续》里面，老帕提出过一个重要的观点：**"痛点"≠"需求"**。但是让老帕没有想到的是，有很多人看了这两篇文章非常不舒服，甚至有一些言语是在对老帕进行人身攻击。在这里老帕再次强调一下：**"痛点"是个"伪"需求说的是"痛点"不等于"需求"，我们有很多的办法去解决用户"痛点"的问题，不仅仅是直接满足需求这么一种解决方案（而不是在说 O2O 是个伪需求！并没有否定"痛点"的概念！！）**。老帕的目的是希望大家能够跳出传统的产品思维模式，不要让我们的眼光被实际的需求所局限。不要仅仅将痛点理解为："痛点的本质，是用户的刚性需求，是未被满足的刚性需求。"先不要急着去满足实际需求，去提供高性价比的产品，而是应该关注"痛"本身，将"痛"理解为用户的一种不愉快的感觉和情感体验，从用户心理体验的角度去构造我们新的商业模式。老帕强调一下，我们应该用开放性的思维和开放的心态，找到那个解决用户"痛"最轻的解决方案。

老帕讲问题，一向喜欢先讲战略再讲具体战术。那么接下来的两点就是实现低成本创业的具体战术方法。

方法一：多找几个合伙人

第一个好处很容易理解，分摊初期投入成本。任何创业都是需要投入成本的，不管是金钱的投入还是精力的投入。多找几个合伙人，大家分摊一下，万一失败了也不会对个人造成太大的影响，在无法融资的时候，你可以尽量延续项目的生命周期。所以，众人拾柴火焰高，别太独了。真的万一要成功了，5亿和10亿对你来说也没啥大区别。

第二点最重要，你需要有办法再次客观验证你的商业模式！

在我们找到了一个灵感点，创造出一种我们自己觉得能够改变世界、最少也是钱景广阔的商业模式时，我们往往会被自己的想法所激励，会被自己所欺骗，选择性地去漠视所有的缺陷、风险、障碍困难。在这个时候一定要冷静！冷静!! 再冷静!!!

一般情况下，我们会找人聊聊，听听别人的想法、建议。但是，当我们处在这样兴奋的创业状态下。我们很难接受别人的建议，有很多的时候，出于礼貌别人也不会提出过于尖锐的反对意见，毕竟像老帕这样的一根筋的人不多见。

或者通过朋友约几个投资人聊聊，群发几个BP看看效果。BP石沉大海或者不被投资人看好的时候（其实这已经说明问题了！），但我们往往会这样说服自己："他们没有眼光，看不到我的模式有多优秀！"不错，每一个投资人的偏好和对市场的理解是不一样的，你有可能确实没有找到最适合你的风投机构。

反思自己的项目方向和商业模式是一个自我否定的过程，是一件很痛苦的事情。我们的心理自我防护机制会下意识地去拒绝接受这样的信息，否定这样的信息。老帕在前面的章节里也从用户的角度分析过这个问题。

在这个时候，找几个合伙人就成为了最重要的验证办法！如果你在同学、朋友、或者是在"缘创派"等平台上都找不到合伙人。在这个全民创业的年代，你发现都忽悠不到人和你合伙去做这件事情，那么你的项目有就一定存在重大问题。

"都找不到人和我一起玩！"这样的信号足够强烈到拍醒你自己了吧！

方法二：尽量用免费的工具

最简单地实现你最主要的功能。 这句话包括三个核心要点："尽量用免费工具""简单地实现""最主要的功能"。

好的创业项目一定是商业模式好，这个是项目能否成功最本质的原因，UI、用户体验等都是细枝末节。所以在一开始，控制住自己激动的心情，先用最低的成本验证一下自己的商业模式。好不好，用户说了算。

1."尽量用免费工具"

首选就是微信，超级 APP 微信基本上已经可以解决我们想实现的所有功能！订阅号还是服务号随你，反正都是 300 元；如果需要网站，域名也就 300 元左右就可以买 3 年了；服务器，申请个免费的吧，好多"云"都有对创业者的免费服务器支持。如果申请不到，买个香港服务器 1 年也就 300 多元吧；需要电商功能的，有赞、微店都是免费的。在移动互联网高速发展的今天，托那些先行者的福，基本上 1000 元之内，就可以用现成工具、平台达到你心目中的那个 APP 全部的功能！

2."简单地实现"

在一开始，别太计较你的用户体验。你的模式好，用户自然能够嗨起来。

再说了，你真花钱找外包也不见得能比微信、有赞这些做得更好。有很多的外包公司也就是用这些免费工具在忽悠你。

3. "最主要的功能"

将你的眼光聚焦在你的最主要功能上。先在你的身边找种子用户试用，不够就上微博找目标用户，微博上绝大部分用户信息都是透明的，与她们互动，邀请她们们试用（这一部分，老帕在前文里也有详细介绍）。在这个时候，到底能不能吸引用户，基本上已经能够验证出来了。如果效果不好，但你还是不甘心，那就再做线下推广试试，4 分钱一张的 DM 单页印 1 万张也就是 400 元。自己一张张发去，有没有效果，用户什么反应一目了然。

做完这些，你的项目已经得到了充分验证。投资机构现在很多。你的项目有价值，吸引了用户，把数据拿出来刷一刷，自然就有人会给你投资。用户体验，二次开发，推广都不是什么问题。如果你发现你的模式并没有吸引目标用户，达不到你心目中的效果，这个时候，再冷静反思你的商业模式，你不仅有了一次失败经历，还与目标用户进行了深入沟通，老帕相信你对用户的理解一定完全不一样。最重要的是你的成本投入只有不到 1500 元，甚至有可能不超过 1000 元！而且服务器等都可以再次使用。这种成本投入，我相信一个家庭条件不太差的大学生一个月的开销都超过了这个数字，你完全有机会进行第二次，第三次，第 N 次的试错！直到你找到了成功的实现路径。为什么还要在一开始，盲目地去 **All in One** 呢？

但是，为什么很多人不愿意去这样创业，而是动不动就全力以赴、就举债创业？在老帕的理解里，这样的创业过程中，我们需要干很多的苦逼活！哪里有开会，做个 PPT，为新公司找办公室，约风投谈谈融资，花钱找外包做起来感觉好，这种事情做起来又很容易，每天看似都很忙，时间一下就过去了。但你凭什么么判断你的方向就一定能成功？万一失败了，你拿什么再翻身？

很多人会将创业失败归结于命运，对比一些在媒体上非常活跃的成功创业者，很多人都会有这样的错觉。觉得这些家伙看上去也不咋地么，他能成功，我一定也能够成功。所以看到了一个机会点，就一下子全身心地扎了进去。但是，那是媒体，那是宣传！你并不了解背后的故事。你又怎么知道，在成功之前他们就不是在一点点地在干苦逼活？"三个爸爸"推广的时候，原来是企业高层管理者的戴鹰都可以背着空气净化器跑马拉松，作为年轻创业者的你还有什么理由不放下身段吗，还要去嫌弃这些苦逼活么？

老帕也相信命运，但老帕一直相信命运对所有人都是公平的。相信迟早有一天，我们都会收获命运的馈赠，只是馈赠来临的时间不同而已。但是当机会真的来临的时候，如果你已经背负了几十万的个人债务；如果你已经被列入了不良征信系统，无法注册公司、无法在银行交易；甚至像老帕那位年轻朋友一样，被债务公司追得东躲西藏。你拿什么去把握机会？再好的机会你也只能看看，咽下口水而已。还是先别冲动，就算是创业，也可以从先做一些苦逼的活开始，磨练一下自己，找找感觉，创业同样需要积累。

除了始终保持谨慎、谦卑的创业态度。我们更需要有战略的眼光，需要从更高的纬度去洞察外部环境和用户行为模式的变化，运用更先进的战略思维去创造更适应环境变化的商业模式。在移动互联网时代，"情绪"已经取代了"流量"成为了最重要的资源。掌握"情绪思维"、运用"情绪思维"去打造新的商业模式，才能插上移动互联网的翅膀，飞越"流量经营"的壁垒，收获更多移动互联网红利！我们需要做到的是：

● **把用户看作是一个有感情的人，而不是笼统、抽象的消费者；**

● 商业逻辑基于情绪思维而不是流量思维；
● 给用户提供的是满足情感需求的消费体验过程，而不是满足功能需求的性价比商品。

最终成稿于 2016 年 2 月 13 日农历丙申年正月初六